矩阵结构与矩阵函数的形式化

施智平　吴爱轩　关　永　王国辉　张倩颖　著

科学出版社

北　京

内 容 简 介

本书系统深入地阐述了矩阵结构和矩阵函数的公理化体系，并给出基于此公理体系进行形式化分析与验证的应用。主要内容包括：矩阵结构的形式化；矩阵序列与矩阵级数理论的形式化；矩阵函数微分的形式化；矩阵理论的自动化定理证明；矩阵理论公理化系统在信息或物理系统形式化建模验证中的应用。

本书可作为机器定理证明、形式化方法、理论计算机科学及软件工程等领域的科研人员及工程技术人员的参考书，也可供高等院校相关专业高年级本科生和研究生阅读。

图书在版编目(CIP)数据

矩阵结构与矩阵函数的形式化/施智平等著. —北京：科学出版社，2023.9
ISBN 978-7-03-076330-3

Ⅰ. ①矩… Ⅱ. ①施… Ⅲ.①矩阵-研究 Ⅳ. ①O151.21

中国国家版本馆 CIP 数据核字(2023)第 169688 号

责任编辑：王 哲 / 责任校对：胡小洁
责任印制：师艳茹 / 封面设计：迷底书装

科 学 出 版 社 出版
北京东黄城根北街 16 号
邮政编码：100717
http://www.sciencep.com

北京中石油彩色印刷有限责任公司 印刷
科学出版社发行 各地新华书店经销
*
2023 年 9 月第 一 版 开本：720×1000 1/16
2024 年 3 月第二次印刷 印张：7
字数：150 000
定价：78.00 元
(如有印装质量问题，我社负责调换)

符 号 说 明

HOL Light 符号	标准数学符号	含义
/\	$\wedge$	逻辑与
\\/	$\vee$	逻辑或
~	$\neg$	逻辑非
==>	$\Rightarrow$	蕴含
<=>	$\Leftrightarrow$	等价
>=	$\geqslant$	不小于
<=	$\leqslant$	不大于
!	$\forall$	任意
?	$\exists$	存在
&	$\&n : \mathbb{N} \to \mathbb{R}$	将自然数转换为实数
-->	$\to$	趋向于
**	$\cdot$	矩阵乘法
%%	$k\boldsymbol{A}$	矩阵数乘运算
INTER	$\cap$	集合交
UNION	$\cup$	集合并
SUBSET	$\subset$	包含于
IN	$\in$	属于
real^N^M	$\boldsymbol{R}^{m \times n}$	$m \times n$ 实矩阵空间 (类型)
A→bool	$\{\boldsymbol{A} \mid P(\boldsymbol{A})\}$	集合
A→real^N^M	$f(\boldsymbol{A})$	矩阵函数
num→real^N^M	$\boldsymbol{A}^{m \times n}[n]$	矩阵序列
@x.P[x]	$\varepsilon x.P[x]$	ϵ 算子：满足 $P[x]$ 的某个 x 值
\x.t	$\lambda x.t$	λ 算子：$x \to t(x)$
sqrt(x)	$\sqrt{x}$	算术平方根
trace(A)	$\mathrm{tr}(\boldsymbol{A}) = \sum\limits_{i=1}^{n} a_{ii}$	矩阵的迹
transp(A)	$\boldsymbol{A}^{\mathrm{T}}$	矩阵的转置
net	net	抽象数学概念 net：序列的一般化
eventually P(x)	$\exists a : \forall x : x > a \Rightarrow P(x)$	充分大的 x，使得 $P(x)$ 成立
Lambda i j.aij	$[a_{ij}]_{M \times N}$	按照行列构造特殊矩阵
mat 1	$\boldsymbol{I}$	单位矩阵

(mspace, mdist)	$(\boldsymbol{X}, d)$	距离空间
sum s f	$\sum_{i \in s} f(i)$	实数累加求和
(0..n)	$0, 1, \cdots, n$	0 到 n 的所有自然数集合
FACT n	$n! = 1 \times 2 \times \cdots \times n$	n 的阶乘

序

近年来，人工智能技术蓬勃发展，已成为世界科技发展的制高点。机器定理证明是人工智能核心技术领域之一，而构建数学理论的形式化模型是实现机器定理证明的基础。

形式化数学是用计算机程序语言把数学理论描述为计算机可执行的数理逻辑形式，并在计算机中完成数学定理的证明，形成包含数学理论定义、定理和证明的形式化程序库。形式化数学可以帮助数学家构造证明并检查证明正确性，从而构建更加可靠的数学理论，同时也是构建计算机可以理解和运行的数学知识库、推动人工智能发展的重要基础，并且还是应用机器定理证明方法对安全攸关的计算系统、信息物理系统等进行正确性验证的基础。

现代工程应用中常见的信号处理、机器学习、机器人运动学和动力学等重要领域都涉及矩阵理论。矩阵是空间线性变换的算子，而矩阵序列、矩阵级数是非线性空间 (流形) 变换的算子。它们是求解线性方程、线性微分方程和非线性方程、非线性微分方程的有力工具。矩阵理论的形式化是工程数学和工程设计的形式化分析与验证的基础。作者在本书中给出了一个矩阵理论形式化数学体系和应用实例，是机器定理证明领域很有价值的工作。

本书主要内容包括：构建了以拓扑开集作为基本元素的矩阵空间理论的形式化框架，证明了其完备性；并在此基础上构建了矩阵序列、矩阵级数的形式化描述；分析了它们相互作用的运算算子的性质；基于矩阵理论的判定性理论设计了矩阵基本算术运算和以矩阵为空间元素的赋范空间理论的自动判定算法。应用矩阵形式化定理库验证了一种基于 Neumann 级数的 Massive MIMO 矩阵求逆算法的正确性，形式化分析了机械臂的运动学特征及其与李群李代数模型的相互关系。

希望本书能为相关专业的教师、学生和科技工作者提供参考。

金声震

2023 年夏于北京

前　　言

机器定理证明是人工智能的重要分支，主要研究用计算机实现数学定理证明的理论和技术。机器定理证明技术的核心目标之一是对数学理论进行形式化，从而建立高可信的、可自动推理的形式化数学体系。虽然机器定理证明技术在过去 30 年里取得了很大进展，但是相当多数学理论的形式化工作尚未开始或不够系统和完整。

矩阵是很多科学技术领域 (如图像处理、信号处理、机器人学等) 的基础数学工具，应用非常广泛。著名的科学计算和仿真建模软件 MATLAB 就是以矩阵运算为基础的。传统的矩阵分析与验证主要采用数值计算和模拟仿真的方法，其具有高效易用的优点，但是也存在浮点误差和理论不完备的缺点。对于安全攸关的系统，除了测试仿真等验证方法，其正确性还需要严格证明。机器定理证明作为一种完备的形式化验证技术，是安全攸关系统正确性验证的重要方法。鉴于矩阵的广泛应用，矩阵理论的形式化显然具有重要的理论意义和广阔的应用前景。国际上主流的定理证明系统如 Isabelle、Coq、HOL Light 中都有矩阵形式化理论的相关定理库，但是并不完备和系统。本书旨在构建一个用户友好的矩阵结构和矩阵函数的形式化公理体系，并将该体系运用于信息和物理问题的形式化证明。全书共分 6 章。

第 1 章，绪论。本章介绍了矩阵分析理论的发展和现状，分析了形式化矩阵理论的重要性，并介绍了全书的主要内容。

第 2 章，矩阵结构的形式化。主要包含矩阵代数结构的形式化以及矩阵在线性空间、拓扑空间、距离空间、巴拿赫空间、希尔伯特空间等空间上的一些重要性质的形式化，并引出矩阵极限、级数、连续、微分等重要的数学分析概念。

第 3 章，矩阵序列与矩阵级数理论的形式化。主要包含矩阵序列与矩阵级数两个方面的内容，并对两者的敛散性进行了形式化建模与分析。形式化证明了判断矩阵序列敛散性的一种通用准则——柯西审敛准则，以及两条用于快速判断矩阵级数的收敛性定理。

第 4 章，矩阵函数微分的形式化。主要包含矩阵函数的连续性、微分性等内容的形式化，并对矩阵函数微分性的部分定理进行了形式化证明。

第 5 章，矩阵理论的自动定理证明。本章详细介绍了矩阵理论的自动判定程序与自动证明策略的编写，主要包含矩阵空间判定性问题的理论探讨、自动判定程序的设计与实现。

第 6 章，应用示例。本章基于矩阵分析理论的形式化框架对两个应用案例进行了形式化分析。

本书内容来自国家自然科学基金项目 (61876111, 61877040, 62002246, 62272322, 62272323)、科技部国际合作计划项目 (2011DFG13000, 2010DFB10930) 的研究成果。作者长期从事形式化理论与应用的研究，承担了大量国家级、省部级和企业项目，对机器定理证明有深刻理解并在系统安全验证领域持续实践迭代，本书是对该过程成果的高度凝练与系统总结。

本书付梓之际，特别感谢我们的恩师——著名天文物理学专家金声震研究员在矩阵分析理论方面的指导，没有他的教诲与帮助，就没有本书的面世。感谢美国波特兰大学宋晓宇教授、加拿大 Concordia 大学 HVG 研究所的 Tahar 教授和刘莉亚博士在我们开始形式化方法研究时给予的帮助和指导。在本书内容研究和写作过程中，中国科学院软件研究所詹乃军研究员、北京大学裘宗燕教授、孙猛教授、南京大学李宣东教授、美国波特兰大学宋晓宇教授、北京航空航天大学佘志坤教授等同行专家给予了很多有益的建议和讨论，谨表感谢。科学出版社给予了大力支持，王哲编辑为本书付出了辛勤努力。本书主要工作积累长达八年之久，感谢家人与亲友的理解、支持与提供的不竭动力，使本书得以完成。

本书内容经多次修改，因作者水平所限，虽已力避不足，仍难免有疏漏之处，恳请读者将意见发送至 shizp@cnu.edu.cn，作者不胜感激。

施智平　吴爱轩　关　永　王国辉　张倩颖
2023 年夏于北京

目　　录

第1章 绪 论

1.1 背景及意义

近年来，全球掀起了人工智能 (Artificial Intelligence, AI) 技术的研究热潮。世界各国均把人工智能技术发展上升为国家发展战略[1]。2019 年，全国信息安全标准化技术委员会发布的人工智能安全标准化白皮书[2] 中指出 "人工智能相关技术的研究目的是促使智能机器会听、会看、会说、会行动、会思考 (如人机对弈、定理证明等)、会学习"。其中，"会思考" 是人工智能实现智能的核心，也是当前人工智能技术发展的难点。

机器定理证明技术是促使机器会思考的诸多研究中重要而基础的分支，历来受到国内外学者的高度重视。南京航空航天大学陈钢教授将机器定理证明技术细分为形式化数学和证明工程，并指出 "证明工程是开发高安全性信息系统的唯一方法，将取代软件工程" [3]。荷兰拉德堡德大学计算机与信息科学研究所的学者 Wiedijk 在权威数学杂志 *Notices of the American Mathematical Society* 发表的文章认为，形式化数学是第三次数学革命[4]，并进一步指出，考虑到未来数学理论的发展日趋复杂，同行专家在验证某个数学家提出的数学理论时往往需要耗费成倍的人力、物力，因此未来数学家的投稿论文以及发表在数学专著上的证明结论可能都需要经过定理证明器的验证，由机器给出证明过程，以避免易被人为忽略的、隐含的逻辑错误。因此，机器定理证明技术对于未来数学学科以及其他相关学科的发展将会有深远的影响。

机器定理证明技术使用计算机语言对数学理论进行形式化描述，并以自动或人机交互的方式给出验证过的形式化证明。机器定理证明的发展过程中不乏著名案例。最早于 1879 年提出的四色定理 "证明"，10 年后被发现是错误的。可见，公开发表的数学论文因为人工审查的局限性，仍可能有相当一部分是错误的。直到 1977 年，四色定理的证明才由美国伊利诺伊大学的学者 Appel 和 Haken 用计算机实现，并完成繁琐的分析工作[5]。但分析证明过程因复杂的计算机程序本身未被验证而存疑。最终 Gonthier 在机器定理证明工具 Coq 中对 Appel 等提出的四色定理的证明过程予以验证。由于 Coq 验证是基于高阶逻辑推理的形式化方法，具有更高的可靠性，最终消除了人们对于四色定理证明的疑虑[6]。

在证明困扰人类三百年的历史难题开普勒猜想的证明过程中，1998 年，匹兹

堡大学 Hales 教授领导的科研团队最早在计算机程序的辅助下，宣布使用穷举法
完成对"空间中最密圆球堆积"问题的证明。2003 年，专家组在评审这一耗时费
力的证明过程 (包含约 250 页注解和 3GB 电脑资料) 时给出的评审为"99% 确定
了"此证明的正确性。为了进一步确认该证明过程的正确性，Hales 教授提议开启
Flyspeck 项目，在全球多个国家的形式化数学领域专家的合作下，于 2015 年宣
布在定理证明工具 HOL Light 中完成了开普勒猜想的形式化证明[7,8]。Flyspeck
项目的成功实施表明了机器定理证明技术在辅助发展数学理论方面有着巨大的
潜力。

由于数学理论分支多、涉及面广、难度大，在形式化数学领域仍然有大量的
基础性工作尚未完成。在未来相当长的一段时间内，形式化数学所涉及的工作仍
然是一个庞大的系统工程。此外，与非形式化的数学证明相比，形式化数学证明
需要把许多复杂抽象的数学概念细化到繁琐的底层逻辑，且需要验证底层逻辑的
一致性 (一般可以由机器辅助验证)。通过现有的数据统计发现，定理的形式化证
明过程的数据规模大约是其对应非形式化证明过程的四倍，证明本科生数学教材
中一页的内容需要平均花费研究人员将近一周的时间[4]。正因为需要巨大的人力、
物力投入，形式化数学定理证明库的开发工作进展缓慢。而基础定理证明库的缺
失已经成为制约机器定理证明技术发展的主要瓶颈之一。机器定理技术在过去 30
年的发展过程中，基于多种交互式定理证明软件，构建了实数[9]、复数[10,11]、四
元数[12]、向量[13]、矩阵[14,15]、概率[16]、旋量[17,18]、几何代数[19] 等形式化数学基
础理论库。以上基础形式化定理证明库虽然涵盖了大部分理论与工程应用所涉及
的代数系统，为形式化数学理论体系奠定了坚实的基础，但这些形式化数学定理
库所包含的数学理论仅仅只覆盖到数学理论大厦的一小部分。因此，在使用机器
定理证明技术来验证日趋复杂的现代工程应用模型时，基础定理库的缺乏严重限
制了机器定理证明技术的应用。

矩阵是现代信息技术中应用最为广泛的代数工具之一。在图像处理、信号处理
和系统稳定性分析等问题的研究中，矩阵的身影无处不在。例如，在第五代移动通
信 (5G) 中，大规模天线 (Massive Multi-Input & Multi-Output, Massive MIMO)
技术是提高系统容量和频谱利用率的关键技术。运用该技术的通信基站中存在着
几十甚至上百条天线同时收发信号。此时，基站内的计算机系统为同时处理这些
通信信号而进行着高维度矩阵的求逆运算。在以状态空间分析法为基础的现代控
制理论中，控制系统的状态方程本质上是矩阵方程。在机器人技术中，空间机构
的刚体运动可以用矩阵来表示。在数字图像处理与图像识别技术中，数字影像按
像素点排列可以构成矩阵，因此，在三维 (3 Dimensions, 3D) 游戏动画和电影制
作过程中也需要用到矩阵运算。

过去几十年里，在 Mizar、Coq、Isabelle/HOL、HOL4、HOL Light、PVS 等

主流交互式定理证明器中构建矩阵相关理论形式化定理证明库成为研究热点。近年来，在上述交互式定理证明器中，部分矩阵理论的形式化定理库已陆续加入其基本定理库体系中，大量库中定理仅仅涉及了矩阵的基本代数运算的形式化证明。然而，在涉及与矩阵分析理论相关的拓扑、距离、极限、级数、连续、微分等复杂的数学分析问题的形式化描述时，受到定理证明器原有的类型系统表达能力弱、底层抽象空间理论缺乏 (如在矩阵空间上定义弗雷歇微分要求必须保证空间的完备性)、数学分析问题证明本身难度偏大等因素的制约，研究人员将直接面对矩阵元素处理的繁琐操作、理论含义不清以及与欧氏空间的相关理论无法直接类比等一系列问题。而上述问题是解决迭代算法的收敛性、控制系统稳定性、矩阵微分方程求解、最优化理论、机器人空间机构运动学与动力学性能等一系列问题的核心。

鉴于此，本书工作将拓展高阶逻辑定理证明器 HOL Light 系统中矩阵的基本类型，并基于抽象空间理论，构建矩阵空间的基本框架，进而系统地对矩阵分析理论进行形式化描述与推理，并尝试将其应用于实际工程问题的形式化证明。该矩阵分析理论形式化框架不仅可以避免直接面对矩阵元素处理的繁琐操作，还因其理论脉络清晰，与欧氏空间的形式化框架具有类比性而便于使用，为基于矩阵理论构建的复杂模型的形式化分析与验证提供工具支持。

1.2 研究现状

1.2.1 矩阵分析

在涉及"矩阵分析"这一数学名词时，人们通常有两种理解。第一种理解为：矩阵分析所讨论的数学问题主要由线性代数中那些因为数学分析 (多元微积分、复变量、最优化以及逼近论) 的需要而产生的内容集合。秉持这一理解的研究者主要关注矩阵的元素特征，可称为经典矩阵理论，是以线性代数为基础的矩阵理论。他们以矩阵特征值与特征向量的理论为基础，进行矩阵的相似性、相合性、正定性、矩阵分解、标准型等矩阵代数主题的研究，以解决实际工程问题。事实上在矩阵理论形成理论体系的早期，这一理解就已经成为学界的主流。在 1845~1846 年，英国数学家凯莱[20](Cayiey) 前后发表的两篇关于"线性变换理论"的文章就探讨了使用行列式方法来求解 n 次型的不变量。在英国数学家西尔维斯特[21](Sylvester) 因研究方程的个数与未知量的个数不相同的线性方程组的解而提出"矩阵"这一术语之后，凯莱又将这些不变量总结成矩阵的特征值，并将其研究成果公开发表在《矩阵论的研究报告》。该报告的公开发表标志矩阵理论作为一个独立的数学分支诞生[22]，同时也掀起了数学界对矩阵分析理论的研究热潮。在 19 世纪下半叶，许多数学家在不同的数学领域进一步研究和发展了矩阵理论。其中，具有代表性的学者有西尔维特斯、弗罗伯纽斯 (Frobenius) 和约当 (Jordan) 等[22]。这一理解在过去 150 多年的发展已经形成了丰富的理论体系，形成一门完整的数学学科，并在工程实践中有很多应用。

另一种理解则是将矩阵分析看作是数学分析的一个近代分支，它是解决线性代数问题的一种途径，它会使用数学分析中的概念 (如极限、级数、连续、微积分)，只要这些概念看起来比纯粹的代数方法更有效且更自然，可称为近代矩阵理论，是以矩阵分析为基础的矩阵理论。与第一种理解相比，这种理解的兴起则要晚得多。20 世纪最初的 10 年间，是抽象空间理论萌芽、泛函分析理论兴起的关键时期。其中，具有代表性的有法国数学家弗雷歇[23](Fréchet) 提出的度量空间理论与德国数学家希尔伯特[24](Hilbert) 提出的希尔伯特空间理论。特别是度量空间理论，弗雷歇运用康托尔 (Cantor) 所创立的集合论思想，对三维空间进行推广，他将某种结构的集合看成是“空间”，集合中的元素可以看成是空间中的一个“点”，这样很多数学问题都可以转化为“空间”上的泛函或者“空间”之间的算子的研究[25]。基于这种思想，欧氏空间中的许多数学分析概念可以推广到更一般的范畴。这种思想也可以特殊化到矩阵，许多满足某些特性的矩阵集合可以抽象成矩阵空间 (Matrix Spaces)，并可以将矩阵空间和欧氏空间放在一起做类比研究，由此衍生出极限、矩阵级数、矩阵函数微分等重要矩阵分析概念。

对近代矩阵分析理论的广泛研究是现代数学及其工程应用发展的趋势，其研究内容能渗透到许多其他领域。特别是涉及工程实践中常用的动态非线性连续系统时，基于近代矩阵分析理论，可以很自然地使用泛函、微分几何等现代数学工具对系统建模，从而解决很多经典矩阵分析理论所不能解决的非线性问题。例如，挪威数学家李 (Lie) 最早于 1870 年前后研究微分方程时提出了变换群理论，后来该成果被整理在其著作《变换群理论》。李的工作就是对微分方程中所涉及的非线性问题的探索。20 世纪初，随着抽象空间理论的发展，外尔[26-28](Weyl) 基于抽象空间理论，把李群从局部的代数观点中解放出来，将之与拓扑学和微分几何结合，标志李群理论真正进入现代意义的李群发展阶段。在现代李群论中，矩阵李群 (Matrix Lie Group) 被大量研究，并融合了拓扑、连续、微分流形等重要的数学分析概念，在许多其他工程实践中有广泛的应用。如美国加州大学 Ploen[29]等将李群应用于机器人动力学的描述，加拿大皇后大学 Hefny[30] 等将矩阵李群应用于人体骨骼形态分析检查的建模过程中等。在其他方面，利用近代矩阵分析理论求解工程问题的应用也屡见不鲜。在现代控制理论中，西安电子科技大学的钱学林[31] 利用由矩阵级数生成的特殊矩阵函数来求解控制理论中的连续时间线性时不变系统零输入相应问题。在数字图像处理方面，大连大学张瑾[32] 等提出了一种数字图像处理的矩阵分析方法。

正是因为看到了近代矩阵分析在动态非线性连续系统方面的研究潜力，本书对矩阵分析理论的形式化工作主要集中在近代矩阵分析的基础理论，既避免了直接面对矩阵元素处理的繁琐操作，也因其理论脉络清晰，与欧氏空间的相关形式化工作具有类比性，因而更容易开发出体系化的形式化定理库。

1.2.2 数学形式化的发展现状

1.2.2.1 机器定理证明系统的发展现状

在形式化验证领域，机器定理证明方法将程序和系统的正确性表达为数学命题，然后使用逻辑推导的方式证明正确性[33-35]。机器定理证明分为自动定理证明 (Automated Theorem Proving, ATP) 和交互式定理证明 (Interactive Theorem Proving, ITP) 两种方式。自动定理证明方式仅在一阶逻辑或更简单的逻辑系统中可以实现，因此更多的研究工作面向交互式定理证明。交互式定理证明基于定理证明辅助工具，将系统规范和设计实现对应的逻辑命题输入到定理证明辅助工具中，定理证明辅助工具根据证明策略进行推导，过程中有时候需要专家给出命题证明策略的提示，直至命题得证，否则给出反例[36]。交互式定理证明技术验证的性能取决于定理证明辅助工具的表达能力与自动推理能力。定理证明辅助工具的表达能力主要体现在其内在逻辑系统类型的支持和定理证明库的多寡。

定理证明辅助工具主要包含一阶逻辑定理证明器与高阶逻辑定理证明器等。一阶逻辑定理证明器表达能力相对较弱，但其自动化程度相对较高，具有代表性的有 ACL2[36]。ACL2 中应用的 "Waterfall" 算法实现了一阶逻辑的全自动证明[37]。高阶逻辑定理证明器表达能力强，同时也保留了对一阶逻辑的自动推理能力，但在处理高阶逻辑命题时自动推理能力有限。代表性的高阶逻辑定理证明器有 Mizar[38]、Coq[39]、Isabelle/HOL[40]、HOL4[41]、HOL Light[42]、PVS[43] 等。经过形式化领域学者多年的研究，在交互式定理证明器中成功应用了一些高阶逻辑证明的自动推理工具，如应用于 PVS 的 grind 策略[43]、应用于 Isabelle/HOL 的 Sledgehammer 辅助证明工具[44] 和 AUTO2 辅助证明工具[45]、应用于 HOL Light 的机器学习自动证明[8] 等。这些工具都在一定程度上优化了机器证明，有效减少了证明时的人工干预。除了一阶逻辑和高阶逻辑，为了将定理证明方法应用于软件程序验证，在 Isabelle/HOL 等工具中引入了霍尔逻辑 (Hoare Logic)[46] 和分离逻辑 (Separation Logic)[47]。

形式化定理库的多寡是衡量定理证明辅助软件的表达能力和证明能力的一个重要指标。Wiedijk[48] 调查了 2007 年开始的十多年里各主流定理证明完成的数学界主流的 "百大定理" 的定理数，其调查结果如表 1.1 所示。该调查报告中所列举的 "百大定理" 的证明，如 $\sqrt{2}$ 的无理性、毕达哥拉斯定理、素数定理、布劳威尔定点定理等，都是数学史上对数学发展有突出贡献的工作，对它们的证明势必涉及多种底层数学理论的形式化，从侧面间接反映出定理证明辅助软件定理库的丰富程度。从报告可以看出，HOL Light 定理证明器因其系统内核的轻便性、形式化定理库的易维护性, 吸引了很多学者在 HOL Light 中进行基础形式化定理库的开发工作。同时, HOL Light 在数学 "百大定理" 的证明中完成度最高, 体现了 HOL Light 的证明能力及其基础定理证明库的丰富。

表 1.1   "数学百大定理" 的形式化证明

定理证明器	形式化定理数目
HOL Light	86
Isabelle	80
Coq	69
Mizar	69
Metamath	69
Proof Power	43
ACL2	18
PVS	16
NuPRL/MetaPRL	8

此外, HOL Light 系统的创始人 Harrison[13] 也是最早系统从事向量空间以及矩阵形式化的学者之一。向量和矩阵的基础理论在 HOL Light 中有比较完整的支持。因此, 本书选择 HOL Light 作为矩阵分析理论的形式化开发平台。

1.2.2.2 定理证明辅助工具的类型系统的发展现状

定理证明辅助工具在过去三十多年的发展过程中, 其内核的更新和变革旨在提升定理证明的表达能力与自动化证明能力。在提升表达能力方面, 除了将定理证明器的逻辑内核从一阶逻辑提升到高阶逻辑, 其内在的类型系统也在经历更新和迭代。为了实现更为抽象的数学概念描述, 在类型系统不断的开发过程中, 存在着这样微妙的妥协: 为了实现更为丰富、灵活的表达能力, 往往需要花很长的时间就新类型写入大量的类型支持程序。类型表达越抽象, 基于该类型的自动推理能力也相应地减弱。这是因为现有的自动推理机制很大程度上是基于基础类型的定理搜索, 类型越特殊, 匹配该类型的定理也就越少。

定理证明器按类型系统主要分为两个不同的阵营。第一个阵营以 Agda[49]、Coq、Matita[50]、NuPRL[51] 等为代表, 其类型系统以复杂的、有很强表达力的类型理论为基础; 另一个阵营则以 HOL 系列的定理证明器 (包含 HOL4、HOL Light、HOL Zero[51]、Isabelle/HOL) 为代表, 它们忠实地沿用了经典集合论类型系统 (Set Theory Typed), 将类型解析成非空集合并且使用简单的具有一级多态[51](Rank-1 Polymorphism) 的类型。诸如 ACL2、Mizar 等其他定理证明器虽然不属于 HOL 系列, 但内在的类型系统与 HOL 系列定理证明器类似。

HOL 系统设计类型的主要依据在于: 在设计具有足够表达力的类型系统基础上, 使系统的逻辑内核尽可能简洁 (简洁的系统更易于实现自动化证明)。在 HOL

定理证明系统的类型机制中，类型体现方式的简洁程度与类型表达能力这两个性能指标一般具有互斥性。HOL 定理证明系统的开发者与使用者如何将这两个性能指标折中，以解决具体实际工程验证问题，这本身就是一个值得讨论的主题。随着 HOL 定理证明系统在数学形式化领域的不断发展，开发者在形式化一些诸如拓扑、距离、流形、极限等复杂抽象的数学概念时，定理证明系统原有的类型系统在表达能力上遇到了无法直接表达的瓶颈。为了解决这些瓶颈问题，HOL 定理证明系统的开发者对原有的数据类型做了一些拓展。

在 HOL 定理证明系统中，考虑数据类型 α set $\to \alpha$ list，该数据类型的作用是将某个集合 α 的所有元素以列表的形式返回，在原始的 HOL 系统的中该类型被实现为

$$\forall \alpha. \exists x_{\alpha \text{ list.}} P\ x \tag{1.1}$$

其中，P 的数据类型为 α list $\to$ bool，它表达的实际意义为在集合 (set) 到列表 (list) 的转换过程，列表所应具有的属性。式 (1.1) 在经过拓展后，在 HOL 定理证明系统中，它被表达如下

$$\forall \alpha. \forall A_{\alpha \text{ set.}}\ A \neq \varnothing \to (\exists x_{\alpha \text{ list.}} \in \text{lists}\ A. P\ x) \tag{1.2}$$

其中，函数 lists A 表示集合在经过上述转化后，所有符合要求的列表全体。式 (1.2) 与式 (1.1) 相比，系统的类型不仅可以被量化为类型的全集，在加入某些限制条件的情况下，它也可以被量化成该类型的任意非空子集。

在 HOL 定理证明系统中，类似于式 (1.1) 方式构造的类型被称为基于类型本身的类型 (Type-Based Type，TBT)，以这种方式构造的类型有布尔类型 (bool)、自然数类型 (num)、实数类型 (real)、实向量类型 (real^N)、集合类型 ($A \to$ bool) 等；类似于式 (1.2) 方式构造的类型被称为基于集合的类型 (Set-Based Type，SBT)，基于 SBT 的定义机制，用户可以构造出诸如正整数、素数、群、拓扑、度量、流形等抽象数学概念的数据类型。

与 TBT 相比，SBT 大大提高了 HOL 定理证明系统的表达能力，在最近几年的数学形式化工作中取得了很多进展。在原有的基础形式化定理库中添加 SBT 类型，以形式化更为抽象的数学概念是当前形式化研究的趋势。其代表性工作主要有：Kuncar [52] 等在 Isabelle/HOL 中系统地提出了 SBT 的定义规则；Immler[53] 等在光滑流形 (Smooth Manifolds) 形式化工作中为实现流形和部分重要的线性代数概念大量地使用了 SBT；意大利佛罗伦萨大学的学者 Maggesi[54] 在 HOL Light 中形式化度量空间时使用 SBT 定义了拓扑、度量等抽象数学概念。

基于矩阵空间的矩阵分析理论从矩阵空间的拓扑结构出发，涵盖极限、度量、级数、连续性、微分等抽象的数学分析概念，为了实现这些概念的形式化，传统的 TBT 类型已无法满足需求，引入 SBT 类型势在必行。

1.2.2.3 矩阵理论相关的形式化数学发展现状

从定理证明方法提出以来，矩阵理论的数学形式化工作就开始出现在各个高阶逻辑定理证明器的基础定理库中。

在 Mizar 中，波兰华沙大学的学者 Jankowska[55] 早在 1991 年就将矩阵定义为与矩阵有相同维度的有限序列，但受限于当时数学形式化领域仍然处在初期发展阶段，该工作只涉及了一些基本矩阵代数运算的定义。2005 年，日本信州大学 Chang 等将复数矩阵的相关理论添加到 Mizar 中。2007 年，日本信州大学 Tamura[56] 进一步在 Mizar 中添加了矩阵行列式以及矩阵逆等复杂矩阵代数运算的形式化。

在 HOL Light 中，Harrison[13] 定义了一种新型数据结构"有限笛卡儿积 (Finite Cartesian Product)"用于表达向量，而矩阵被定义为二重的有限笛卡儿积，这种代数结构能更为清晰地描述矩阵行与列的概念，也便于特定元素的提取，这种数据结构更加接近矩阵的代数结构。Harrison 关于向量和矩阵的形式化工作主要包含向量和矩阵的代数性质，以及欧氏空间的包含拓扑的数学分析性质的证明。2017 年，Maggesi[54] 对 Harrison 的工作进行了拓展，将欧氏空间的数学分析内容拓展到度量空间，对抽象空间的基础理论进行了形式化。

在 HOL4 中，首都师范大学的施智平[14,15] 等沿用了有限笛卡儿积的数据结构，形式化了矩阵的基本代数运算，并对矩阵函数的一种特殊形式，即函数矩阵进行了形式化，该工作结合了实函数微分理论与矩阵理论，对函数矩阵的微分进行了形式化，这是对矩阵分析理论形式化所做的初步尝试。

在 Coq 中，法国佩皮尼昂大学的 Cano[57] 等形式化了矩阵的史密斯标准型，并基于初等除数环 (Elementary Divisor Rings) 理论形式化了线性代数相关理论。

在 Isabelle/HOL 中，奥地利因斯布鲁克大学的 Thiemann 等，通过定义一种抽象的矩阵类型形式化矩阵的 Jordan 标准型。由于未形式化 Schur 分解而将矩阵限定为上三角形矩阵，并部分地形式化证明了每一个复数矩阵存在 Jordan 标准型。Thiemann 等的工作还包含部分矩阵谱半径理论的数学形式化，这是对经典矩阵分析理论形式化的重要尝试。

为了实现近代矩阵分析理论的数学形式化这一目标，本书在 Maggesi 度量空间数学形式化的基础上形式化了矩阵空间中的度量，形式化证明了矩阵空间是一个完备的度量空间，并将 Harrison 关于欧氏空间的内积的形式化定义推广到矩阵空间，形式化证明矩阵空间是一个希尔伯特空间。本书从底层拓扑空间理论出发，逐步实现了矩阵函数和矩阵级数的收敛性、矩阵函数的连续性与可微性等重要数学分析内容的形式化建模与相关定理库的构建工作。本书与相关工作的横向对比如表 1.2 所示。

表 1.2　本书研究工作与相关工作的对比

相关工作	形式化平台	形式化内容	代数结构	类型系统	自动证明程序
文献 [55] 和 [56]	Mizar	矩阵基本代数运算	有限序列	构造类型	未涉及
文献 [13]	HOL Light	欧氏空间、矩阵代数运算	有限笛卡儿积	TBT	涉及向量的自动证明程序，未涉及矩阵的自动程序
文献 [14] 和 [15]	HOL4	函数矩阵、函数矩阵微分	有限笛卡儿积	TBT	未涉及
文献 [14] 和 [15]	HOL Light	度量空间	度量空间	SBT	涉及
文献 [57]	Coq	线性代数	史密斯标准型	构造类型	未涉及
文献 [58]	Isabelle/HOL	经典矩阵分析	约当标准型	SBT	未涉及
本书工作	HOL Light	近代矩阵分析	开集 (拓扑)	SBT	涉及

1.3　定理证明系统 HOL Light

1.3.1　HOL Light 简介

HOL Light 是一个辅助用户完成形式化证明数学问题的计算机软件。HOL Light 不仅提供了一系列自动的辅助证明工具，也提供了大量的数学定理库 (如算术、集合论、实分析等)。同时 HOL Light 也是一个完全可自由编程的计算机软件，它提供了一个标准的用户接口以便于用户对其进行扩展。

HOL Light 的内核最早是由 Harrison 在剑桥大学开发的，并长期维护更新。它的内核是基于 HOL 的，最早可以追溯到已故计算机科学家 Gordon[41] 80 年代早期在高阶逻辑证明上的工作。与 HOL 相比，HOL Light 轻量级的逻辑内核，使系统更为简单易学和整洁。尽管 HOL Light 的内核简洁，但其可自由编程性使其表达能力和证明能力不逊色其他版本的 HOL 证明器，在某些领域甚至还要优于其他证明器。HOL Light 具有如下特点[42]：

(1) 完全开源的软件。HOL Light 是基于函数式编程语言 ML(Meta Language) 实现的，其所有源代码都是开源的。ML 语言是一种可读性很好的高级语言，它对算法的实现通常很接近算法的抽象描述。因此，对用户而言软件的内核相对透明，而其系统不再是一个神秘的黑盒系统。

(2) 具有完备性和语义描述一致性的优点。HOL Light 的 LCF[59] (Logic for Computable Functions) 机制能确保用户所有的证明程序在其创建时都得到验证，系统具有很好的逻辑正确性和完备性。

(3) 具有很好的拓展性。HOL Light 允许用户根据自己的需求添加新的证明工具和推理决策程式，系统的 LCF 机制确保这些新添加的内容不会包含错误。

(4) 能够很方便地写入新的接口与其他系统进行连接。例如，HOL Light 和 Maple 联合在验证 Stålmarck 算法上有成功的应用[58]。

(5) 小巧的轻量级软件。HOL Light 系统的运行对计算机硬件的要求不高。系统使用的 Ocaml 语言在运行时内存占用较低，能在微型计算机甚至嵌入式系统中运行。

(6) 支持多种证明方式。尽管系统的机器代码是一个证明程序的前向推理指令的简单集合，但是用户在证明定理时能根据不同的证明思路写出各种各样的高层次的证明代码。

在矩阵分析的形式化方面，HOL Light 虽然缺少完备的矩阵分析定理库，但已有矩阵基本数据类型的定义和一些简单的矩阵代数的形式化证明。因此，本书策略是在 HOL Light 已有的向量和矩阵定理库的基础上，构建矩阵分析定理库的基本框架和相应的证明策略。矩阵分析定理库开发的技术细节将在后续的章节中介绍。

1.3.2　系统相关符号的约定

矩阵分析定理库主要包含矩阵分析理论的 HOL Light 类型、相应的类型操作、常量、定义、公理和定理。在本书后续的章节中，关于矩阵分析定理库中定义和定理的描述遵循着与源代码一致的原则，以方便读者直接拷贝相关的代码在 HOL Light 终端中运行。同时，为了方便读者理解，本书将 HOL Light 中定义与定理的形式特点做如下的说明。

HOL Light 通过 let 关键字将定义和定理以 ": thm" 类型存储到系统的内核中。形式化定义和形式化定理也有其各自的特点。

(1)HOL Light 定义。

HOL Light 中的定义分为通用定义、递归定义、类型定义等多种形式。通用定义是指 HOL Light 中的一般定义，大部分的数学概念都可以通过通用定义来形式化。它具有如下形式 (以向量点积的形式化定义为例)

```
let dot = new_definition
  `(x:real^N) dot (y:real^N) =
   sum(1..dimindex(:N)) (\i. x$i * y$i)`;;
```

其中，通过在终端中输入变量名 "dot"，可以直接调用向量点积的形式化定义。关键字 "new_definition" 表明该定义是通用定义。类似 "HOL Light term" 这样以 "``" 标定的表达式为 HOL Light 的高阶逻辑命题表达式。

递归定义是一种特殊的定义，它使用被定义对象的自身来为其下定义 (简单说就是一种自我复制的定义)，例如，偶数的定义就是典型的递归定义。偶数的形式化定义可以表示如下

```
let EVEN = new_recursive_definition num_RECURSION
  `(EVEN 0 <=> T) /\ (!n. EVEN (SUC n) <=> ~(EVEN n))`;;
```

递归定义通常以关键字 "new_recursive_definition" 标定 (也可以用通用的关键字 "define" 来标定),"num_RECURSION" 表明该定义是按照自然数递归定义的。递归定义的逻辑命题包含三个部分:基本情况的定义、递归法则和递归结束的情况。如果定义的对象是无限的,那么可以省略第三个部分。因为自然数无限,所以偶数的递归定义只包含两个部分。

类型定义用于定义系统类型,通常以关键字 "new_type_definition" 来标记。例如,拓扑 (topology) 的 SBT 可以被定义如下

```
let topology_tybij =
  new_type_definition "topology" ("topology","open_in")
  topology_tybij_th;;
```

其中,关键词 "topology" 表示利用 SBT 定义机制生成一种基于开集的拓扑结构,关键词 "open_in" 定义一种二元关系,例如,表达式 "open_in *A B*" 的含义是 "*A* 是拓扑空间 *B* 中的某一个开集",该定义机制被定义到名为 "topology_tybij_th" 的系统常量中,可以通过在终端中输入关键词 "topology_tybij_th" 调用。

(2)HOL Light 定理与定义相比,HOL Light 的定理则相对比较简单。它通常以 "prove" 关键字标记。例如,素数的欧几里得定理

```
let EUCLID = prove
  (`!n. ?p. prime(p) /\ p > n`,
  REWRITE_TAC[GT] THEN MESON_TAC[EUCLID_BOUND]);;
```

必须注意的是,在 HOL Light 中,定理必须是被证明为真才能被存入系统。因此,形式化定理的命题表达式后面通常跟着定理的形式化证明。而这些形式化证明则是一系列证明策略的有序组合。常用的策略有 "REWRITE_TAC"(重写策略)、"MESON_TAC"(梅森策略)、"ARITH_TAC"(算术证明策略) 等。当定理的形式化证明过程较长时,为了避免繁琐的描述,本书用关键字 "HOL Light Scripts" 代替。

在 HOL Light 系统中也大量使用 ASCII 码字符来表示通用逻辑算术符号,本书所涉及的 HOL Light 符号或函数与标准数学符号对照情况详见 "符号说明" 部分。

1.4 主要内容

鉴于近代矩阵分析理论是数学分析在矩阵理论上的特殊化,为了更好地实现矩阵分析理论的形式化,在 HOL Light 中,运用系统中已有的有限笛卡儿积、欧

氏空间、度量空间、拓扑、向量函数的弗雷歇微分等形式化数学定理库，对矩阵
分析理论进行形式化建模与相关定理库构建，如图 1.1 所示。本书主要内容包含
以下几个方面。

(1) 矩阵结构的形式化建模。在集合上添加各类数学结构即可形成多种多样
的数学抽象空间。因此，矩阵空间的形式化建模可以划分为两个方面的工作：一
方面，着重形式化矩阵集合上所定义的各类数学结构，这些数学结构又与各种各
样的矩阵运算息息相关。例如，本书形式化了矩阵的标准基、由开集生成的矩阵
拓扑、由矩阵范数诱导出的度量、内积等数学概念，这些数学概念又是定义有关
矩阵的线性性质、拓扑性质、巴拿赫空间、赋范性质和内积性质的基础。另一方
面，在 HOL Light 中，形式化证明了带有这些特殊数学结构的矩阵集合是线性空
间、巴拿赫空间、希尔伯特空间等重要的数学定理。

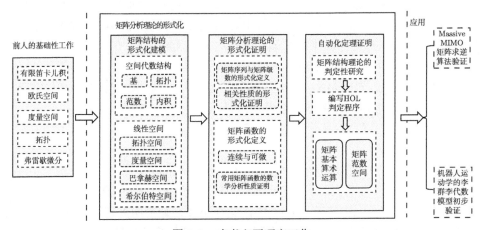

图 1.1   本书主要研究工作

(2) 矩阵级数的形式化。级数理论是分析学的一个分支；它与另一个分支微积
分学一起作为基础知识和工具出现，与微积分学有着同等重要的地位。因此，对
矩阵分析理论的形式化势必先从矩阵级数理论入手。矩阵级数的形式化工作主要
包括：①矩阵序列与矩阵级数的形式化定义；②矩阵序列与矩阵级数收敛性的形
式化；③柯西审敛准则在矩阵序列上的推广证明；④特殊矩阵序列的敛散性判断
与形式化证明。

(3) 矩阵函数的连续性与可微性的形式化。有关矩阵函数的研究是矩阵分析
理论在工程实际中应用最为广泛的分支之一。矩阵函数的连续性与可微性的形式
化工作主要包括：①矩阵函数的形式化定义；②矩阵函数连续和可微性相关性质
的证明；③工程实际中常用矩阵函数的重要数学分析性质的证明。

(4) 矩阵理论数学形式化的自动定理证明的初步探索。交互式定理证明

辅助软件的易用性往往受其内核中的自动证明程序多寡的制约。高度自动化的自动定理证明能大大减少人为的干预，显著提高交互式定理证明技术对于实际问题的验证效率。编写形式化数学理论的自动证明算法的核心在于系统地研究该理论的判定性问题。本书对矩阵空间的判定性问题进行了初步的探讨，并设计了行之有效的关于矩阵基本代数运算及矩阵范数理论的自动判定程序。

(5) 涉及矩阵分析理论的应用案例的形式化验证。基于所完成的形式化矩阵分析理论，本书给出两个具体应用的形式化分析与验证的示例。利用矩阵级数的形式化定理库验证了一种基于 Neumann 级数的 Massive MIMO 的矩阵求逆算法的正确性，利用矩阵函数相关的形式化内容分析了机械臂的运动学特征与李群李代数模型的相关性。

1.5　本书结构

本书共 6 章，具体结构安排如下。

第 1 章介绍本书的研究背景、目的和意义。结合应用背景，引出矩阵分析理论形式化描述的重要性。详细介绍了矩阵分析理论的发展和现状，分析了"矩阵分析"的两种不同理解，阐明了本书选择形式化近代矩阵分析理论的原因。然后介绍了机器定理证明技术的发展现状以及自动证明辅助软件及其发展，分析了当前类型系统在形式化描述复杂抽象数学概念时的困难。对矩阵理论和矩阵分析理论的形式化工作现状做了进一步的分析，并引出本书内容。

第 2 章介绍一般矩阵结构的形式化建模过程。包括矩阵空间的代数结构的形式化以及矩阵空间的线性性质、拓扑性质、距离性质、赋范和内积等一些重要性质的形式化证明。并引出矩阵空间中的极限、级数、连续、微分等重要的数学分析概念。

第 3 章介绍矩阵级数理论的形式化。主要包含矩阵序列与矩阵级数两个方面的内容，并对两者的敛散性进行了形式化建模与分析。同时，形式化证明了判断矩阵序列敛散性的一种通用准则——柯西审敛准则的正确性，最后形式化证明了两条用于快速判断矩阵级数的收敛性定理。

第 4 章介绍矩阵函数的形式化。主要包含矩阵函数的连续性、微分性等内容的形式化，最后对矩阵函数微分性的部分定理进行了形式化证明。

第 5 章介绍矩阵理论的自动判定程序与自动证明策略。主要包含矩阵空间判定性问题的理论探讨、自动判定程序的设计与实现。

第 6 章基于矩阵分析理论的形式化框架对两个应用案例进行了形式化分析，对矩阵分析理论形式化框架的应用进行了初步探索。

参 考 文 献

[1] 关永, 李黎明, 施智平. 几何代数的形式化及初步应用. 北京: 科学出版社, 2020.

[2] 全国信息安全标准化技术委员会. 人工智能安全标准化白皮书 (2019 版). 2019.

[3] 陈钢. 形式化数学与证明工程. 中国计算机学会通讯, 2017,(10): 40-44.

[4] Wiedijk F. Formal proof: getting started. Notices of the American Mathematical Society, 2008,55(11): 1408-1417.

[5] Appel K, Haken W. The solution of the four-color-map problem. Scientific American, 1977,237(4): 108-121.

[6] Gonthier G. Formal proof: the four-color theorem. American Mathematical Society Notices, 2009,(1): 1382-1393.

[7] Hales T, Adams M, Bauer G, et al. A formal proof of the kepler conjecture. Forum of Mathematics Pi, 2017, 5:e2.

[8] Kaliszyk C, Urban J. Learning-assisted automated reasoning with flyspeck. Journal of Automated Reasoning, 2014,53(2): 173-213.

[9] Boldo S, Lelay C, Melquiond G. Formalization of real analysis: a survey of proof assistants and libraries. Mathematical Structures in Computer Science, 2016,26(2): 1196-1233.

[10] Shi Z P, Li L M, Guan Y, et al. Formalization of the complex number theory in HOL4. Applied Mathematics and Information Sciences, 2013, 7(1): 279-286.

[11] Harrison J. Formalizing basic complex analysis. From Insight to Proof: Festschrift in Honour of Andrzej Trybulec, 2007,10(23): 151-165.

[12] Gabrielli A, Maggesi M. Formalizing basic quaternionic analysis//International Conference on Interactive Theorem Proving, Brasilia, 2017.

[13] Harrison J. A HOL theory of euclidean space//International Conference on Theorem Proving in Higher Order Logics, Oxford, 2005.

[14] Shi Z P, Liu Z K, Guan Y, et al. Formalization of function matrix theory in HOL. Journal of Applied Mathematics, 2014, (11): 1-10.

[15] Shi Z P, Zhang Y, Liu Z K, et al. Formalization of matrix theory in HOL4. Advances in Mechanical Engineering, 2014,6:1-16.

[16] Hasan O. Formal probabilistic analysis using theorem proving. IEEE Transactions on Computers, 2008,59(5):579-592.

[17] Shi Z P, Wu A X, Yang X M, et al. Formal analysis of the kinematic Jacobian in screw theory. Formal Aspects of Computing, 2018,30(6): 739-757.

[18] Wu A X, Shi Z P, Li Y D, et al. Formal kinematic analysis of a general 6R manipulator using the screw theory. Mathematical Problems in Engineering, 2015: 1-7.

[19] 马莎, 施智平, 关永, 等. 共形几何代数与机器人运动学的形式化. 小型微型计算机系统, 2016,37(3): 555-561.

[20] Cayiey A. The Collected Mathematical Papers. Cambridge:Cambridge University Press, 1897.

[21] Sylvester J J. The Collected Mathematical Papers. Cambridge:Cambridge University Press, 1904.

[22] 董可荣. 矩阵理论的历史研究. 济南: 山东大学, 2007.

[23] Fréchet M. Sur quelques points du calcul fonctionnel. Rendiconti del Circolo Matematico di Palermo, 1906,(22): 1-74.

[24] Hilbert D. Grundzüge Einer Allgemeinen Theorie der Linearen Integralgleichungen. Michigan: University of Michigan Library, 2005

[25] 王昌. 弗雷歇与希尔伯特的抽象空间理论比较研究. 西北大学学报, 2013,43(1): 163-167.

[26] Weyl H. Theorie der darstellung kontinuierlicher halbeinfacher gruppen durch lineare transformationen. Mathematische Zeitschrift, 1926,(24): 328-376.

[27] Weyl H. Theorie der darstellung kontinuierlicher halbeinfacher gruppen durch lineare transformationen. Mathematische Zeitschrift, 1926,(24): 377-395.

[28] Weyl H. Theorie der darstellung kontinuierlicher halbeinfacher gruppen durch lineare transformationen. Mathematische Zeitschrift, 1925,(23): 270-301.

[29] Ploen S R, Park F C. A Lie group formulation of the dynamics of cooperating robot systems. Robotics and Autonomous Systems, 1997,21(3): 279-287.

[30] Hefny M S, Rudan J F, Ellis R E. A matrix lie group approach to statistical shape analysis of bones. Studies in Health Technology and Informatics, 2014,196: 163-169.

[31] 钱学林. 矩阵理论在控制理论中的应用. 数学学习与研究, 2014,(13): 87-89.

[32] 张瑾, 杨常清. 基于矩阵分析的数字图像处理方法. 微机发展, 2003,13(5): 36-37.

[33] 李黎明, 关永, 吴敏华, 等. 运用定理证明的形式化方法验证 SpaceWire 编码电路. 小型微型计算机系统, 2012,33(6): 1372-1376.

[34] 韩俊刚, 杜慧敏. 数字硬件的形式化验证. 北京: 北京大学出版社, 2001.

[35] 胡适耕, 张显文. 抽象空间引论. 北京: 科学出版社, 2005.

[36] 马莎, 施智平, 李黎明, 等. 几何代数的高阶逻辑形式化. 软件学报, 2016,27(3): 497-516.

[37] Kaufmann M, Manolios P, Moore J S. Computer-aided Reasoning: An Approach. Amsterdam: Kluwer Academic Publishers, 2000.

[38] Bancerek G, Byliński C, Grabowski A, et al. The role of the Mizar mathematical library for interactive proof development in Mizar. Journal of Automated Reasoning, 2018,61(1): 9-32.

[39] Bertot Y, Castéran P. Interactive Theorem Proving and Program Development: Coq'Art: The Calculus of Inductive Constructions. New York:Springer, 2004.

[40] Nipkow T, Wenzel M, Paulson L C. Isabelle/HOL: A Proof Assistant for Higher-order Logic. Berlin:Springer, 2002.

[41] Gordon M J C, Melham T F. Introduction to HOL: A Theorem Proving Environment for Higher Order Logic. Cambridge: Cambridge University Press, 1993.

[42] Harrison J. HOL Light: A Tutorial Introduction. Heidelberg: Springer, 1996.

[43] Shankar N, Owre S, Rushby J, et al. PVS Prover Guide. Menlo Park: Computer Science Laboratory, 2001.

[44] Blanchette J, Kaliszyk C, Paulson L, et al. Hammering towards QED. Journal of Formalized Reasoning, 2015,9(1): 101-148.

[45] Zhan B H. AUTO2, a saturation-based heuristic prover for higher-order logic//International Conference on Interactive Theorem Proving, Nancy, 2016.

[46] Nipkow T. Hoare logics for recursive procedures and unbounded nondeterminism//Annual Conference of the European-Association-for-Computer-Science-Logic, Heidelberg, 2002.

[47] Bannister C, Höfner P, Klein G. Backwards and forwards with separation logic//International Conference on Interactive Theorem Proving, Oxford, 2018.

[48] Wiedijk F. Formalizing 100 theorems. http://www.cs.ru.nl/freek/100/.

[49] Bove A, Dybjer P, Norell U. A brief overview of Agda: a functional language with dependent types//The 22nd International Conference on Theorem Proving in Higher Order Logics, Heidelberg, 2009.

[50] Asperti A, Ricciotti W, Sacerdoti C, et al. The Matita interactive theorem prover//The 23rd International Conference on Automated Deduction (CADE 23), Berlin, 2011.

[51] Constable R L, Allen S F, Bromley M, et al. Implementing Mathematics with The NuPRL Proof Development System. New York: Prentice-Hall, 1986.

[52] Kuncar O, Popescu A. From types to sets by local type definition in higher-order logic. Journal of Automated Reasoning, 2018, 62: 237-260.

[53] Immler F, Zhan B. Smooth manifolds and types to sets for linear algebra in Isabelle/HOL//The 8th ACM SIGPLAN International Conference on Certified Programs and Proofs (CPP 2019), New York, 2019.

[54] Maggesi M. A formalization of metric spaces in HOL Light. Journal of Automated Reasoning, 2018,60(2): 237-254.

[55] Jankowska K. Matrices. Abelian group of matrices. Journal of Formalized Mathematics, 1991, 1(4): 777-780.

[56] Tamura N, Nakamura Y. Determinant and inverse of matrices of real elements. Formalized Mathematics, 2007,15(3): 127-136.

[57] Cano G, Cohen C, Dénès M, et al. Formalized linear algebra over elementary divisor rings in Coq. Logical Methods in Computer Science, 2016,12: 1-23.

[58] René T, Yamada A. Matrices, jordan normal forms, and spectral radius theory. Archive of Formal Proofs, 2015: 1-150.

[59] Paulson L. Deriving structural induction in LCF//Proceedings of the International Symposium on Semantics of Data Types, Sophia-Antipolis, 1984.

第 2 章　矩阵结构的形式化

近代矩阵分析理论是数学分析理论在矩阵空间上的推广, 它包含诸多以拓扑、距离、极限、级数、连续、微分等为核心的复杂的数学分析问题。为了使这些复杂的数学分析问题在高阶逻辑定理证明器中的形式化描述成为可能, 必须对矩阵空间的基本框架进行形式化建模。该形式化建模需要解决以下三个问题。

(1) 由于系统中的 TBT 类型表达能力弱, 需要对系统中原有的矩阵类型进行拓展, 构建矩阵的 SBT。

(2) 矩阵中的数学结构的形式化与多种矩阵结构的形式化建模。

(3) 空间完备性的形式化证明。本书后续的矩阵级数的收敛性、矩阵函数的微分都要求矩阵是一个完备的数据结构, 其完备性的证明为后续矩阵分析理论的数学形式化打下基础。

2.1　抽　象　空　间

本书的数学形式化工作主要集中在近代矩阵分析理论, 因其避免了直接面对矩阵元素处理的繁琐操作, 也因其理论脉络清晰, 与欧氏空间的相关形式化工作具有类比性。为了便于读者更好地理解后续矩阵分析理论数学形式化的技术原理与技术细节, 本章首先简要介绍抽象空间理论。

一般地, 在集合的基础上附加某些特定的数学结构即可引申出抽象空间的概念, 而这些特定的数学结构通常是指某种特定的数学度规。在抽象空间中, 这些单个的研究对象被抽象成空间中的 "点", 抽象空间中 "点" 的特性以及各个 "点" 之间的数学关系是抽象空间研究的核心。基于抽象空间, 可以引入拓扑、线性、连续、微积分等重要的数学分析概念。因此, 抽象空间理论是构建数学分析理论大厦的基石。

在特定的集合上引入特定的数学结构, 可以构建各种各样的数学空间, 这些特定的数学空间可以对特定的数学问题进行数学建模。例如, 在某个非空集合上, 引入加法和标量数乘的数学运算, 可以构建线性空间, 线性空间理论是求解线性方程组的重要理论工具; 在向量的集合上引入内积的概念, 可以生成内积空间, 内积空间中可以很方便地描述空间向量的长度和夹角 (如欧氏空间和 ℓ 空间); 在函数的集合上引入距离和内积的概念 (如 L_p 空间), 构建函数空间, 函数空间可以应用于超越函数的曲线拟合、泛函分析等实际问题中。为了尽可能多地满足实际问题域的需要，下面简要介绍几种常见的抽象空间。

2.1.1 线性空间

在文献 [1] 中，线性空间如定义 2.1 所示。

定义 2.1 设 V 是一个非空集合，$\mathbb{F}$ 是一个数域，在 V 和 $\mathbb{F}$ 上定义一个唯一封闭 "+" 和 "*" 运算，如果对 $\forall \alpha, \beta, \gamma \in V$ 和 $\forall k, l \in \mathbb{F}$ 满足以下 8 条法则：

(1) $\alpha + \beta = \beta + \alpha$;

(2) $(\alpha + \beta) + \gamma = \alpha + (\beta + \gamma)$;

(3) V 中存在零元 $\mathbf{0}$，使得 $\forall \alpha \in V$，有 $\alpha + \mathbf{0} = \alpha$;

(4) V 中存在负元 β，使得 $\alpha + \beta = \mathbf{0}$;

(5) $l\alpha = \alpha$;

(6) $(kl)\alpha = k(l\alpha) = l(k\alpha) = (lk\alpha)$;

(7) $(k + l)\alpha = k\alpha + l\alpha$;

(8) $k(\alpha + \beta) = k\alpha + k\beta$。

2.1.2 拓扑空间

在文献 [2] 中，拓扑空间如定义 2.2 所示。

定义 2.2 设 X 是一个非空集合，τ 为以 X 的某些子集为元素构成的集合，τ 若满足下列条件：

(1) $\varnothing, X \in \tau$;

(2) τ 中成员的任意并仍属于 τ;

(3) τ 中成员的任意有限交仍属于 τ;

则称 τ 为 X 上的一个拓扑，称 (X, τ)(简称 X) 为拓扑空间，τ 中的元素称为开集。

2.1.3 距离空间与赋范空间

在文献 [2] 中，距离空间与赋范空间分别如定义 2.3 和定义 2.4 所示。

定义 2.3 设 X 是一个非空集合，$d : X \times X \to \mathbb{R}$。若 $\forall x, y, z \in X$，满足

(1) 非负性 $d(x, y) \geqslant 0$，且 $d(x, y) \geqslant 0 = 0 \Leftrightarrow x = 0$;

(2) 对称性 $d(x, y) = d(y, x)$;

(3) 三角不等式 $d(x, z) \leqslant d(x, y) + d(y, z)$;

则称 $d(x, y)$ 为 x 到 y 的距离，记为 $\| x - y \|$，称 (X, d)(简称 X) 为距离空间，距离空间也被称为度量空间。

定义 2.4 设 X 为数域 $\mathbb{K}$ 上的线性空间，$\rho : X \to \mathbb{R}$。若 $\forall x, y \in X, \forall a \in \mathbb{K}$，满足

(1) 正定性 $\rho(x) \geqslant 0$, 且 $\rho(x) = 0 \Leftrightarrow x = 0$($X$ 中的零元);

(2) 齐次性 $\rho(ax) = |a|\,\rho(x)$;

(3) 三角不等式 $\rho(x+y) \leqslant \rho(x) + \rho(y)$;

则称 $\rho(x)$ 为 x 的范数, 记为 $\|x\|$, 称 $(X, \|\cdot\|)$(简称 X) 为赋范空间。特别地, 如果 X 是一个完备的赋范空间, 则称 X 为巴拿赫空间 (Banach Spaces)。

2.1.4 内积空间与希尔伯特空间

在文献 [2] 中, 内积空间定义如定义 2.5 所示。

定义 2.5 设 X 为数域 $\mathbb{K}$ 上的线性空间, 映射 $<\cdot,\cdot>: X \times X \to \mathbb{K}$, 若 $\forall x, y, z \in X, \forall a, b \in \mathbb{K}$, 满足

(1) 正定性 $<x,x> \geqslant 0$, 且 $<x,x> = 0 \Leftrightarrow x = 0$;

(2) 共轭对称性 $<x,y> = \overline{<y,x>}$;

(3) 关于第一个变元的线性 $<ax+by,z> \geqslant a<x,z> + b<y,z>$;

则称 $<x,y>$ 为 x 与 y 的内积, $(X, <\cdot,\cdot>)$(简称 X) 为内积空间。如果 X 是完备的空间内积空间, 则称 X 为希尔伯特空间。

2.2 矩 阵 结 构

基于抽象空间的思想, 当涉及矩阵分析的一个具体问题时, 一旦被纳入抽象空间的具体框架内, 原本很复杂的矩阵分析问题的研究对象 (如矩阵序列、极限、矩阵变换等), 不过是空间中的一个点而已。无论这个点的内部本来具有多大的丰富性与复杂性都一概被抹去, 充分抓住抽象空间的数学结构这一本质特点, 能使最终问题的解决大大简化。另一方面, 正是抽象空间理论以高度概括的形式统一了外观上极不相同的数学对象, 从而沟通了一些看起来互不相关的领域, 使得旧领域的知识对新领域的研究起借鉴作用[3]。因此, 参考欧氏空间, 可以在矩阵的集合上, 附加拓扑、距离、内积等特定的数学结构, 从而构建矩阵结构抽象的基本框架。以抽象空间理论作为数学形式化的基本脉络, 可以实现矩阵结构理论的形式化。图 2.1 给出了矩阵结构理论形式化的基本框架, 该形式化验证框架通过以下步骤来实现。

首先, 定义矩阵元素在 HOL Light 系统中的基本数据类型。

其次, 参照欧氏空间, 并基于抽象空间理论, 从微分几何、拓扑、基本代数等底层数学理论出发, 逐步构建矩阵结构理论形式化验证的基本框架。在该形式化框架中, 基于微分几何理论的流形与切空间的思想, 主要包含李群李代数部分概念的形式化; 基于拓扑学理论, 主要包含矩阵结构的拓扑性质、赋范性质和内积性质等的形式化。

最后，形式化证明矩阵结构的完备性，并对矩阵结构中所涉及的赋范性质和内积性质进行形式化。为后续的矩阵级数、矩阵函数的连续性、微分性质等矩阵分析理论的形式化奠定基础。

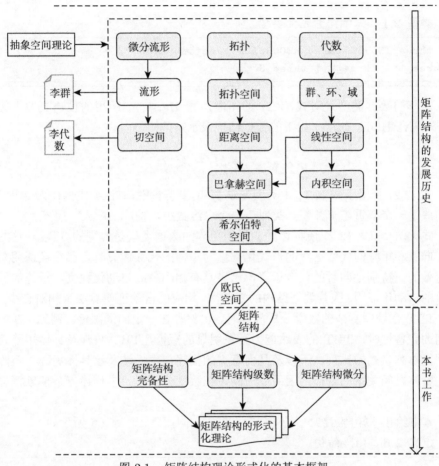

图 2.1 矩阵结构理论形式化的基本框架

2.3 矩阵结构的基本数据类型

关于矩阵在定理证明器中数据类型的定义，前人的研究工作已经有了诸多的涉及。针对矩阵的代数运算，在 HOL Light、HOL4、Isabelle/HOL 等主流的定理证明中也有着其各自的定理证明库。在 HOL Light 中，最早是由 Harrison[4] 在其欧几里得空间的形式化工作中确定了使用 N 维笛卡儿积来表示 N 维向量的基本数据结构，即采用如下的二元函数来表征

$$A \to N \to A^N \tag{2.1}$$

其中，A 是一个具有多态特性的类型变量，用于存储向量的元素，N 是定理证明器中一个特殊的类型变量，用来指定向量的维度。基于以上结构，三维向量 R^3 能被实例化为如类型 2.1 所示的三元素类型。

类型 2.1　三维向量元素类型

```
let three_INDUCT,three_RECURSION = define_type "3 =
  three_1 | three_2 | three_3";;
```

矩阵的数据类型是对式 (2.1) 的拓展，与 Harrison 所用的技巧类似，施智平[5,6] 等在 HOL4 使用了如下的数据结构表示矩阵

$$A \to N \to M \to A^{M \times N} \tag{2.2}$$

式 (2.2) 利用了式 (2.1) 中类型变量 A 的多态特性，将 A 实例化为 A^N，从而构成了一个双重笛卡儿积，类似于一个二维数组，构成 $M \times N$ 矩阵。

式 (2.1) 和式 (2.2) 所描述的向量与矩阵的数据类型是典型的 TBT。这些类型在向量和矩阵的代数运算的形式化向量与矩阵的代数运算时，已经被证明是行之有效的。特别是向量的代数运算，已经具有相当高的自动化程度。矩阵的代数运算的自动化证明，因其数据结构的复杂性，相应的自动证明算法也相对较少。然而，TBT 在处理复杂的数学分析问题时，仍然存在一定的局限性。例如，在证明空间的完备性时，TBT 的表达能力存在明显的短板，TBT 只涉及具体矩阵元素数据简单列表式的排列，不涉及几何意义的描述，也不涉及该具体矩阵与矩阵空间的整体之间关系的表征，因而无法满足在数学分析理论中描述复杂抽象概念的需求。

本书给出了矩阵 $R^{m \times n}$ 的 SBT，它的基本原理如定义 2.6 所示。

定义 2.6　矩阵结构

```
let matrix_stru = new_definition
  `matrix_stru = topology matrix_open`;;
```

其中，矩阵结构 "matrix_stru" 是由指定的开集 "matrix_open" 构成的拓扑空间。"topology" 是 HOL Light 定义的拓扑的 SBT。矩阵的拓扑性质形式化将在 2.4 节详细介绍。

定义 2.6 表征的矩阵结构 $R^{m \times n}$ 具有明确的数学分析意义，它不再是如式 (2.1) 和式 (2.2) 那样对向量或矩阵的元素数据的简单排列。本书后续章节的矩阵分析理论 (诸如矩阵级数、矩阵微分) 的形式化均是基于此基础数据类型。

2.4 矩阵结构基本性质的形式化

2.4.1 线性性质

以矩阵为元素的线性结构从本质上说是矩阵的一种代数系，基于群、环、域等基本代数结构，它可以看成是矩阵带算子的加群，是线性代数中所涉及欧氏空间 R^n 在元素和线性运算的推广。本节给出矩阵 $R^{m \times n}$ 的线性空间基本性质、线性相关性与标准基的形式化。

2.4.1.1 线性空间的基本性质

在 HOL Light 系统中，基于其类型系统定义的矩阵加法和标量数乘两种代数运算的返回值只能是同维度的矩阵，因此 HOL Light 的 LCF 机制保证了这两种运算的封闭性。在矩阵空间 $R^{m \times n}$ 上引入加法和标量数乘两种矩阵代数运算后，根据定义 2.1，以矩阵为空间元素的线性空间可以形式化描述为定义 2.7。

定义 2.7 矩阵线性空间形式化

```
let matrix_linear_spaces = new_definition
 `matrix_linear_spaces (s:real^N^M->bool) <=>
 (!x y:real^N^M. (x IN s) /\ (y IN s) /\ (z IN s)==>
 (x + y = y + x) /\ (x + y + z = (x + y) + z)
 (x + mat 0 = x) /\ (x + --x = mat 0) /\ ( &1 %% x = x) /\
 (a %% (b %% x) = (a * b) %% x) /\ ((a + b) %% x = a %% x + b %% x)
 /\ (c %% (x + y) = c %% x + c %% y))`;;
```

因此，矩阵 $R^{m \times n}$ 的线性空间基本性质可以形式化为定理 2.1。

定理 2.1 矩阵空间 $R^{m \times n}$ 满足实数域 $\mathbb{R}$ 上的线性空间的性质

```
⊢ matrix_linear_spaces (UNIV:real^N^M->bool)
```

定理 2.1 在定理证明器 HOL Light 中可以分解成如下 8 个子目标。

```
[G1]let MATRIX_ADD_SYM =
  MATRIX_ARITH `!x y:real^N^M. x + y = y + x`;;
[G2]let MATRIX_ADD_ASSOC =
  MATRIX_ARITH `(x:real^N^M) + y + z = (x + y) + z`;;
[G3]let MATRIX_ADD_RID =
  MATRIX_ARITH `!x:real^N^M. x + mat 0 = x`;;
[G4]let MATRIX_ADD_RINV =
  MATRIX_ARITH `!x:real^N^M. x + --x = mat 0`;;
[G5]let MATRIX_CMUL_LID =
  MATRIX_ARITH `!x:real^N^M. &1 %% x = x`;;
```

```
[G6]let MATRIX_CMUL_ASSOC =
  MATRIX_ARITH `!a b x:real^N^M. a %% (b %% x)= %(a * b) %% x`;;
[G7]let MATRIX_CMUL_ADD_RDISTRIB =
  MATRIX_ARITH `(a + b) %% x = a %% x + b %% x`;;
[G8]let MATRIX_CMUL_ADD_LDISTRIB =
  MATRIX_ARITH `c %% (x + y) = c %% x + c %% y`;;
```

它们分别对应定义 2.1 中的线性空间应满足的 8 条法则。定理 2.1 的 8 个子目标的真假均可以通过自动判定程序 "MATRIX_ARITH_TAC"(矩阵算术运算证明策略) 进行判定。"MATRIX_ARITH_TAC" 旨在优化矩阵算术运算的自动证明，减少机器证明的人为干预。该算法原理将在本书第 5 章予以介绍。该策略的使用方法是在待判定矩阵算法命题前加上 "MATRIX_ARITH" 关键字，或是在交互式定理证明器终端中调用证明策略 "MATRIX_ARITH_TAC"。如果命题为真，则将命题作为定理 (类型为 ": thm") 存储到 HOL Light 内核的定理库以便调用。

进一步，若矩阵空间 X 是数域 $\mathbb{R}$ 上的线性空间，如果 $M \subset X$ 是一个非空子集，$\forall x,y \in X, \forall a \in \mathbb{R}$，都有 $x+y \in M, a*x \in M$，则称矩阵空间 M 为 X 的子线性空间，简称矩阵子空间。显然，矩阵子结构是仿照向量子空间进行的推广定义，它的形式化描述如定义 2.8 所示。

定义 2.8　*矩阵子结构* (matrix_substru)

```
let matrix_substru = new_definition
  `!s:real^N^M->bool. matrix_substru s <=>
  mat 0 IN s /\ (!x y. x IN s /\ y IN s ==> (x + y) IN s) /\
  (!c x. x IN s ==> (c %% x) IN s)`;;
```

其中，"mat 0" 指的是 $M \times N$ 维零矩阵，表达式 "!s:real^N^M→bool" 表示任意矩阵集合，"IN" 表示集合理论中的属于符号 "$\in$"。线性子空间必须包含零元，因此在子空间的形式化定义中，"包含零元" 这一条属性被显式表达。矩阵子结构对描述矩阵结构的生成空间及线性相关性有着重要作用。借助子结构，可以在描述空间线性相关性时避免复杂繁琐的具体元素的操作。

2.4.1.2　线性相关性与标准基

线性空间中元素组线性相关性与基的引入对于刻画线性空间的特点有着重要的作用。线性组合和线性生成空间与线性空间的线性相关性有着紧密的联系。因此，在全面形式化矩阵结构的线性相关性之前，有必要了解线性组合和线性生成空间这两个概念。

在文献 [2] 中，线性组合和线性生成空间的非形式化描述如定义 2.9 所示。

定义 2.9 设 X 是数域 $\mathbb{K}$ 上的线性空间,$\{x_1, x_2, \cdots, x_n\} \subset X, a_i \in \mathbb{K}, i = 1, 2, \cdots, n$,称 $a_1 x_1 + a_2 x_2 + \cdots + a_n x_n$ 为 $x_1, x_2, \cdots, x_n$ 的一个线性组合。

设 $E \subset X$,称 span $E = \{y | \exists n, \ y = a_1 x_1 + a_2 x_2 + \cdots + a_n x_n, a_i \in \mathbb{K}, x_i \in E,$ $i = 1, 2, \cdots, n\}$ 为 E 的生成空间。

相比于生成空间的非形式化定义,其形式化定义相对抽象,但也避免了线性空间中具体元素的繁琐处理。生成空间的形式化定义可以通俗地描述为:任何矩阵集合的生成空间可以表示为包含该集合的所有 $\boldsymbol{R}^{m \times n}$ 在 $\mathbb{R}$ 上的线性子空间的交。可以证明,这两者的描述是等价的。事实上,在 HOL Light 与 HOL4 中,向量空间[4,5]的生成空间也有类似的形式化描述。矩阵生成空间 "matrix_span" 的形式化如定义 2.10 所示。

定义 2.10 矩阵生成空间

```
let matrix_span = new_definition
 `!s:real^N^M->bool. matrix_span s = matrix_substru hull s`;;
```

其中,"hull" 具有如定义 2.11 的形式化描述。

定义 2.11 hull 函数形式化

```
let hull = new_definition
 `P hull s = INTERS {t | P t /\ s SUBSET t}`;;
```

其中,"P hull s" 是一个复杂的二元运算操作,它表示对于给定集合 s,所有包含 s 的满足命题 P 的所有集合的交集;"s SUBSET t" 表示集合关系 $s \subset t$。

在文献 [2] 中,线性空间的线性相关性如定义 2.12 所示。

定义 2.12 设 X 是数域 $\mathbb{K}$ 上的线性空间,$\{x_1, x_2, \cdots, x_n\} \subset X$。若存在不全为零的数 $a_i \in \mathbb{K}, i = 1, 2, \cdots, n$,使 $a_1 x_1 + a_2 x_2 + \cdots + a_n x_n = 0$(线性空间的零元),则称 $\{x_1, x_2, \cdots, x_n\}$ 是线性相关的,否则称为线性无关的。

与定义 2.9 类似,定义 2.12 同样存在繁琐的集合元素处理操作。为了避免这种繁琐的操作,考查一个线性无关的矩阵集合 s,在 s 中去掉某一个元素 a,显然集合 s 的生成空间 span$(s-a)$ 不能再包含 a,如果包含 a,则集合 s 必然线性相关。这是因为线性无关的集合中任何元素都不能被该集合中的任何其他元素线性表示。因此矩阵集合的线性相关 "matrix_dependent" 与线性无关 "matrix_independent" 可以被形式化表示为定义 2.13。

定义 2.13 线性相关与线性无关形式化

```
[D1] let matrix_dependent = new_definition
     `!s:real^N^M->bool. matrix_dependent s <=>
     ?a. a IN s /\ a IN matrix_span(s DELETE a)`;;
```

```
[D2] let matrix_independent = new_definition
     `!s:real^N^M->bool. matrix_independent s <=>
     ~(matrix_dependent s)`;;
```

其中，"s DELETE a" 表示集合 s 删除元素 a 的操作，即 s-a。

根据定义 2.9 和定义 2.12，若 M 是 X 的线性无关集，span $M = X$，则称 M 为 X 的一个基。因此，集合 M 的势为 X 的维度，记为 dim X。矩阵空间的维度可以被形式化为定义 2.14。

定义 2.14　矩阵空间的维度 (matrix_dim)

```
let matrix_dim = new_definition
 `matrix_dim (v:real^N^M->bool) = @n. ?b. b SUBSET v /\
 matrix_independent b /\ v SUBSET (matrix_span b) /\
 b HAS_SIZE n`;;
```

其中，"b HAS_SIZE n" 表示集合 b 的势为 n。

必须要注意的是，线性空间的基不唯一。但是对于每个希尔伯特空间都有唯一的标准正交基。由于标准正交基引入范数和内积的定义，范数和内积的概念将分别在 2.4.3 节和 2.4.4 节给出。在此，可以先从直观的角度，描述矩阵空间 $R^{m \times n}$ 的标准正交基 s 具有如下的特点：

(1) 集合 s 的势为 $m \times n$;

(2) 集合 s 中每一个矩阵都只有一个元素为 1，其余元素为 0，即

$$\underbrace{\begin{pmatrix} 1 & 0 & \cdots & 0 \\ 0 & 0 & \cdots & 0 \\ \vdots & \vdots & & \vdots \\ 0 & 0 & \cdots & 0 \end{pmatrix} \begin{pmatrix} 0 & 1 & \cdots & 0 \\ 0 & 0 & \cdots & 0 \\ \vdots & \vdots & & \vdots \\ 0 & 0 & \cdots & 0 \end{pmatrix}, \cdots, \begin{pmatrix} 0 & 0 & \cdots & 0 \\ 0 & 0 & \cdots & 0 \\ \vdots & \vdots & & \vdots \\ 0 & 0 & \cdots & 1 \end{pmatrix}}_{R^{m \times n}\text{的标准正交基具有}m \times n\text{个基元素}}$$

因此，先通过构造法构造出正交基的形式，然后再证明该形式是否满足标准正交基的所有性质。矩阵结构的标准正交基形式化如定义 2.15 所示。

定义 2.15　矩阵结构的标准正交基 (mbasis)

```
let mbasis = new_definition
 `mbasis i j = lambda m n. if ((m = i) /\ (n = j)) then 1 else 0`;;
```

其中，"lambda m n" 为 HOL Light 中的矩阵构造函数。该构造函数的原理是将矩阵的元素按照行列逐一写入矩阵中。可以证明，根据定义 2.15 构造的集合 s 的

生成空间 span s 为 $R^{m \times n}$，且 s 是一个线性无关集，因此 s 构成 $R^{m \times n}$ 空间的一组基，定理 2.2 给出了 $R^{m \times n}$ 空间的一组基的形式化。

定理 2.2 $s = \{\text{mbasis}\, ij | i \leqslant m, j \leqslant n\}$ 构成 $R^{m \times n}$ 中的一组基

```
[T1] let MATRIX_SPAN_STDBASIS = prove
     (`matrix_span {mbasis i j:real^N^M |
     (1 <= i /\ i <= dimindex(:M)) /\
     (1 <= j /\ j <= dimindex(:N))} = (:real^N^M)`,
     HOL Light scripts);;
[T2] let MATRIX_INDEPENDENT_STDBASIS = prove
     (`matrix_independent {mbasis i j:real^N^M | (1 <= i /\ i <=
     dimindex(:M)) /\ (1 <= j /\ j <= dimindex(:N))}`,
     HOL Light scripts);;
```

其中，形式化表达式 [T1] 证明 s 的生成空间 span s 为 $R^{m \times n}$ 的全集；形式化表达式 [T2] 证明 s 线性无关。在引入范数、内积的概念后也很容易证明 s 中所有基元素的范数为 1，不同的基元素之间的内积为 0，在此不再赘述。

2.4.2 拓扑性质

拓扑学对于分析学的现代发展起了极大的推动作用，它也是现代数学分析学的基础。随着科学技术的发展，各种各样的非线性分析问题不断涌现，使得分析学更多地求助于拓扑学。原因在于拓扑学能够在没有距离的集合上通过建立邻域结构来引入极限的概念，大大拓展了分析学的应用领域。拓扑就是在集合的元素间赋予一种相邻结构，通过这种结构把极限的有关概念及研究方法移植到更一般的集合上。因此，为了保持理论的一致性和可拓展性，矩阵分析的形式化理论有必要从底层拓扑开始构架，逐步在 HOL Light 中建立矩阵分析库的完整框架。

2.4.2.1 基本拓扑结构

拓扑的定义详见定义 2.2，在 HOL Light 中，拓扑的概念最早由 Harrison[4] 形式化，Maggesi[7] 在形式化度量空间时对拓扑理论库进一步完善。他们在形式化拓扑时将拓扑描述成一种抽象类型——SBT。

拓扑的形式化描述如定义 2.16 所示。

定义 2.16 拓扑形式化描述

```
[D1] let istopology = new_definition
   `istopology L <=>
   {} IN L /\
   (!s t. s IN L /\ t IN L ==> (s INTER t) IN L) /\
   (!k. k SUBSET L ==> (UNIONS k) IN L)`;;
```

```
[T1] let topology_tybij_th = prove
    (`?t:(A->bool)->bool. istopology t`,
    EXISTS_TAC `UNIV:(A->bool)->bool` THEN REWRITE_TAC[istopology;
    IN_UNIV]);;
[D2] let topology_tybij =
    new_type_definition "topology" ("topology","open_in")
    topology_tybij_th;;
```

其中，表达式 [D1] 是对定义 2.2 的形式化，判断某个子集族 L 是否构成拓扑；表达式 [T1] 是证明 "topology" 类型不可能为空 (全集的幂集一定构成拓扑)；[D2] 是根据 [D1] 和 [T1] 在 HOL Light 写入类型定义的操作。显然，以上类型的定义符合式 (2.2)，是典型的 SBT。在 [D2] 中，"open_in" 是一种二元关系，也就是说表达式 "open_in p q" 表示 p 为 q 中的一个开集。因此，利用这种二元关系，拓扑空间可以形式化描述为定义 2.17。

定义 2.17 拓扑空间 (topspace) 的形式化

```
let topspace = new_definition
 `topspace top = UNIONS {s | open_in top s}`;;
```

其中，"UNIONS" 函数表示给定的所有集合的并。

拓扑空间的闭集是开集的补集，闭集形式化为定义 2.18。

定义 2.18 拓扑空间的闭集 (closed_in) 的形式化

```
let closed_in = new_definition
 `closed_in top s <=>
   s SUBSET (topspace top) /\ open_in top (topspace top DIFF s)`;;
```

其中，"top DIFF s" 表示集合 **top** 与 s 的差集。与开集类似，定义 2.18 描述的是一种二元关系。

根据拓扑的定义，矩阵 $R^{m \times n}$ 可以生成多种多样的拓扑结构，取决于矩阵空间开集的选取。定理 2.3 验证了矩阵 $R^{m \times n}$ 如下的子集族 $\tau_1 = \{\varnothing, R^{m \times n}\}$，$\tau_2 = 2^{R^{m \times n}}$ 构成 $R^{m \times n}$ 上的拓扑。

定理 2.3 $R^{m \times n}$ 的平凡拓扑 (MATRIX_SPACE_TRIVIAL) 和 $R^{m \times n}$ 的离散拓扑 (MATRIX_SPACE_POWER_SET)

```
let MATRIX_SPACE_TRIVIAL = prove
 (`istopology {{},(:real^N^M)}`,
 SET_TAC [istopology]);;
let MATRIX_SPACE_POWER_SET = prove
```

```
(`istopology (UNIV:(real^N^M->bool)->bool)`,
 SET_TAC [istopology]);;
```

其中，"{ }" 表示空集，表达式 ":real^N^M" 表示集合 $R^{m \times n}$。定理 2.3 只涉及简单的集合运算，只需调用定义 2.16 中的表达式 [D1] 和 HOL Light 工具中的自动证明策略 "SET_TAC" 即可完成证明。

矩阵另一种常用的拓扑可以通过定义距离来构成。通过定义距离后，可在矩阵结构上构造如下的拓扑

$$\boldsymbol{\tau}(d) = \left\{ \boldsymbol{E} \subset \boldsymbol{R}^{m \times n} | \forall \boldsymbol{A} \in \boldsymbol{E}, \exists e > 0, \ \boldsymbol{U}(\boldsymbol{A}, e) \subset \boldsymbol{E} \right\} \tag{2.3}$$

其中，$\boldsymbol{U}(\boldsymbol{A}, e) = \{ \boldsymbol{A}' \in \boldsymbol{R}^{m \times n} | d(\boldsymbol{A}', \boldsymbol{A}) \}$，$d$ 为在矩阵空间上定义的距离。矩阵空间距离的定义与形式化将在 2.4.3 节予以介绍。

因此，式 (2.3) 所定义的拓扑的开集 "matrix_open" 可以形式化描述为定义 2.19。

定义 2.19 距离诱导出的以矩阵为元素的拓扑性质的开集

```
let matrix_open = new_definition
 `matrix_open s <=> !A:real^N^M. A IN s ==>
 ?e. &0 < e /\ !A'. matrix_dist(A',A) < e ==> A' IN s`;;
```

其中，"matrix_dist" 为距离函数的形式化表示，也就是说这种由距离诱导出的拓扑是本书矩阵空间形式化的基础。定理 2.4 验证了以这种方式诱导的拓扑空间与 $R^{m \times n}$ 的一致性。

定理 2.4 距离诱导出的拓扑性质与 $R^{m \times n}$ 的一致性

```
let TOPSPACE_MATRIX_SPACE = prove
  (`topspace matrix_space = (:real^N^M)`,
  HOL Light scripts);;
```

由定理 2.4 可以看出，由距离诱导的矩阵的拓扑空间 $(\boldsymbol{X}, d)$ 的 $\boldsymbol{X}$ 是 $R^{m \times n}$ 的全集。

2.4.2.2 连通性、分离性与紧致性

连通性、分离性和紧致性作为拓扑空间的重要性质，在拓扑的分析学有着重要的作用。本小节给出了矩阵结构中连通性、分离性和拓扑紧致性的形式化。

1) 连通性

拓扑空间的连通性及其形式化描述如定义 2.20 所示。

定义 2.20　设 (X,τ) 为拓扑空间, 若存在 X 的非空闭集 A,B, 使 $A\cap B=\varnothing, A\cup B=X$, 则称 X 为不连通, 否则称 X 为连通

```
let matrix_connected = new_definition
`matrix_connected s <=>
 ~(?e1 e2. matrix_open e1 /\ matrix_open e2 /\ s SUBSET (e1 UNION e2)
 /\(e1 INTER e2 INTER s = {}) /\
 ~(e1 INTER s = {}) /\ ~(e2 INTER s = {})))`;;
```

其中, 函数 "matrix_connected" 从开集的角度形式化描述拓扑空间的连通性质。

可以证明, 矩阵 $R^{m\times n}$ 具有连通的性质, 如定理 2.5 所示。

定理 2.5　矩阵 $R^{m\times n}$ 的连通 (MATRIX_CONNECTED_UNIV) 性质

```
let MATRIX_CONNECTED_UNIV = prove
  (`matrix_connected(:real^N^M)`,
   HOL Light scripts);;
```

2) 分离性

满足分离性的拓扑空间也称为 Hausdorff 空间, 其定义与形式化描述如定义 2.21 所示。

定义 2.21　设 (X,τ) 为拓扑空间, 若 X 中的任意两点都可以用两个各自的开邻域分离出来, 即 $\forall x_1,x_2\in X,\exists A_1,A_2\in\tau$, 使 $x_1\in A_1, x_2\in A_2$, 且 $A_1\cap A_2=\varnothing$, 则称 X 为 Hausdorff 空间

```
let hausdorff_space = new_definition
 `hausdorff_space (top:A topology) <=>
  !x y. x IN topspace top /\ y IN topspace top /\ ~(x = y)
  ==> ?u v. open_in top u /\ open_in top v /\ x IN u /\ y IN v /\
  DISJOINT u v`;;
```

其中, "DISJOINT u v" 逻辑表达式的数学含义为集合 u、v 的交集为空。定义 2.21 的形式化是对 Hausdorff 空间的数学定义直接逻辑描述。

可以证明, 矩阵 $R^{m\times n}$ 是一个 Hausdorff 空间, 如定理 2.6 所示。

定理 2.6　矩阵空间 $R^{m\times n}$ 是一个 Hausdorff 空间

```
let HAUSDORFF_SPACE_MATRIX_SPACE = prove
  (`hausdorff_space matrix_space`,
   HOL Light scripts);;
```

在 Hausdorff 空间中, 收敛序列的极限是唯一的。

3) 紧致性

基于不同的抽象程度，空间紧致性存在多种定义。例如，在欧氏空间中集合 A 紧致性有如下四种描述。

(1)A 是一个有界闭集；

(2)A 的每一个开覆盖都有有限个子覆盖；

(3)A 中的每一个无限子集都有聚点在 A 中；

(4)A 中的任何序列都有收敛到 A 中的子序列。

欧氏空间中的集合只要满足其中一条，则其余三条均成立。但是对于一般拓扑而言，以上条件往往不等价。这就给拓扑空间的紧致性的形式化造成了一定的麻烦。幸运的是，在矩阵定义距离后，以上四条性质也可以被证明是等价的。在形式化矩阵空间的紧致性时，由于描述 (1) 需要引入距离，暂时不予讨论。描述 (4) 在拓扑空间中也称为序列紧致性，是拓扑中集合序列收敛性质的一种抽象描述，在 3.4 节中有针对于矩阵序列紧致性更具体的形式化描述，本节不予讨论。因此，本小节只给出了描述 (2) 和 (3) 的形式化。描述 (1) 和 (4) 的紧致性的形式化将在 3.4 节介绍。

在 HOL Light 中，Maggesi[7] 等形式化了描述 (2) 的紧致性。在文献 [8] 中，描述 (2) 的数学定义及其形式化如定义 2.22 所示。

定义 2.22 设 (X, τ) 为拓扑空间，$\varnothing \subset \tau$ 为 X 的一个开集族，① $X = \bigcup\limits_{A \in \varnothing} A$，则称 $\varnothing$ 为 X 的一个开覆盖。② 若 X 的每一个开覆盖都有有限的子覆盖，则称 X 为紧致空间

```
[D1] let compact_in = new_definition
 `!top s:A->bool. compact_in top s <=>
 s SUBSET topspace top /\
 (!U. (!u. u IN U ==> open_in top u) /\ s SUBSET UNIONS U
 ==> (?V. FINITE V /\ V SUBSET U /\ s SUBSET UNIONS V))`;;
[D2] let compact_space = new_definition
 `compact_space(top:A topology) <=> compact_in top (topspace top)`;;
```

其中，表达式 [D1] 建立符合定义 2.22 的二元映射 "compact_in"，[D2] 根据 "compact_in" 构建拓扑空间的形式化定义 "compact_space"。表达式 [D1] 中，变量 U 的含义为拓扑空间 X 的一个开覆盖，V 为子覆盖。

值得注意的是，定义 2.22 描述的紧致性还有一种弱化的描述——可数紧致 (即 X 的每一个可数开覆盖都有有限的子覆盖)，只需在定义 2.22 的前提里加入可数性的条件，在此不再赘述。

在拓扑空间中还定义另一种进一步弱化的紧致性——列紧。列紧的定义需要

引入聚点的概念。

矩阵的聚点定义及其形式化如定义 2.23 所示。

定义 2.23　设 $A \subset R^{m \times n}, a \in R^{m \times n}$，若含有 a 的任意开集都含有异于 a 的 A 中的点，则称 a 是 A 的聚点

```
let matrix_limit_point_of = new_definition
  `!x:real^N^M. x matrix_limit_point_of s <=>
!t. x IN t /\ matrix_open t ==> ?y. ~(y = x) /\ y IN s /\ y IN t`;;
```

在引入聚点的定义后，矩阵的列紧性可以被形式化为定义 2.24。

定义 2.24　若矩阵空间 X 中的每一个无限子集都有聚点，则称 X 是列紧空间

```
let limit_point_compact = new_definition
  `!s. limit_point_compact s <=> !t. INFINITE t /\ t SUBSET s ==>
?x. x IN s /\ x matrix_limit_point_of t`;;
```

其中，函数 "INFINITE t" 表示 t 为无限集合。

同时也可以证明，拓扑空间 X 是一个紧致空间，则它必然是一个列紧空间，反之则不一定。Maggesi[7] 等在 HOL Light 给出了该性质的形式化证明，感兴趣的读者可以参考。

2.4.3　范数性质

在向量空间的研究中，在向量空间上定义距离之后就可以引入极限等数学分析的概念。相应地，对于矩阵空间，能否像向量空间那样定义相应的距离引入极限? 答案是肯定的。本节利用一般的 $M \times N$ 维矩阵 A 的 Frobenius 范数来定义矩阵空间 $R^{m \times n}$ 中的任意两个元素的距离，并形式化证明基于 Frobenius 范数的矩阵可构成距离空间和赋范空间。

2.4.3.1　矩阵的 F-范数与距离函数

Frobenius 范数，简称 F-范数，它与向量空间的 2-范数相容，因而具有很多很好的性质，使用起来非常方便。任意 $M \times N$ 维矩阵 A 的 Frobenius 范数及其形式化描述如定义 2.25 所示。

定义 2.25　任意 $M \times N$ 维矩阵 A 的 Frobenius 范数如下

$$\|A\|_F = \sqrt{\sum_{i=1}^{m} \sum_{j=1}^{n} |a_{ij}|^2} = \sqrt{\mathrm{tr}\left(A^{\mathrm{T}} A\right)} \tag{2.4}$$

```
let fnorm = new_definition
  `fnorm (A:real^N^M) = sqrt(trace(transp A ** A))`;;
```

其中，函数 "fnorm A" 返回矩阵 A 的 F-范数。

众所周知，不仅矩阵间有乘法运算，矩阵与向量之间也有乘法运算，为了使用方便，往往要求矩阵范数与向量范数之间存在相容性。所谓的相容性如定义 2.26 所示。

定义 2.26 设 $\|\cdot\|_\alpha$ 是 R^n 上的向量范数，$\|\cdot\|_\beta$ 是 $R^{m \times n}$ 的矩阵范数，$\|\cdot\|_\gamma$ 是 R^m 上的向量范数，如果 $\forall x \in R^n, \forall A \in R^{m \times n}$，满足

$$\|Ax\|_\gamma \leqslant \|A\|_\beta \|x\|_\alpha \tag{2.5}$$

则称向量范数 $\|\cdot\|_\alpha$ 与矩阵范数 $\|\cdot\|_\beta$ 相容。

根据定义 2.26，可以证明 F-范数向量空间的 2-范数相容，如定理 2.7 所示。

定理 2.7 F-范数向量空间的 2-范数相容 (COMPATIBLE_FNORM)

```
let COMPATIBLE_FNORM = prove
 (`!A:real^N^M x. norm(A ** x) <= fnorm A * norm x`,
 HOL Light scripts);;
```

其中，函数 "norm x" 返回任意向量 x 的 2-范数。

如果对矩阵做向量化处理，即对 $M \times N$ 维矩阵所有元素排列为一个 $M \times N$ 维向量，当然也可以证明，任何矩阵的 F-范数与该矩阵向量化后生成的向量的 2-范数相等。因此，有矩阵向量化的范数不变性定理成立，如定理 2.8 所示。

定理 2.8 矩阵向量化的范数不变性 (FNORM_EQ_NORM_VECTORIZE)

```
let FNORM_EQ_NORM_VECTORIZE = prove
 (`!A:real^N^M. fnorm A = norm (vectorize A)`,
 HOL Light scripts);;
```

其中，函数 "vectorize A" 完成将矩阵 A 向量化的操作。

利用定理 2.8，在证明以 F-范数诱导出的赋范空间和距离空间的某些性质时，能够将矩阵空间的问题转化成向量空间的问题，使问题得到明显简化。

定义 2.27 给出 F-范数诱导出的距离函数及其形式化描述。

定义 2.27 设 A、B 为矩阵 $R^{m \times n}$ 的任意两个元素 (或点)，A、B 两点之间存在如下的二元关系

$$\text{dist}(A, B) = \|A - B\|_F \tag{2.6}$$

则 "dist($\boldsymbol{A}, \boldsymbol{B}$)" 为 F-范数诱导出的距离函数

```
let matrix_dist = new_definition `matrix_dist(A,B) = fnorm(A - B)`;;
```

可以看出，定义 2.27 的形式化描述是对式 (2.6) 的直接高阶逻辑转化。

2.4.3.2　以矩阵为空间元素的赋范空间和距离空间的形式化

在 2.4.1 节中，矩阵 $\boldsymbol{R}^{m \times n}$ 已经被证明是线性空间。不妨在 $\boldsymbol{R}^{m \times n}$ 上取 F-范数，根据定义 2.4，以矩阵为元素具有赋范性质，其形式化描述如定义 2.28 所示。

定义 2.28　矩阵赋范性质

```
let matrix_norm_spaces = new_definition
 `matrix_norm_spaces (s:real^N^M->bool) <=>
 matrix_linear_spaces s /\ (!A B:real^N^M a. (A IN s) /\ (B IN s) ==>
 (&0 <= fnorm A) /\ (fnorm A = &0 <=> A = mat 0) /\
 (fnorm(a %% A) = abs(a) * fnorm A) /\
 (fnorm(A + B) <= fnorm(A) + fnorm(B)))`;;
```

可以证明，矩阵空间 $\boldsymbol{R}^{m \times n}$ 满足构成赋范空间的基本要求，如定理 2.9 所示。

定理 2.9　矩阵空间 $\boldsymbol{R}^{m \times n}$ 满足赋范空间的基本性质

```
⊢ matrix_norm_spaces (UNIV:real^N^M->bool);;
```

根据定义 2.4，定理 2.9 的形式化高阶逻辑推导过程可以分成四个子目标，对应赋范空间应满足的三条法则。

```
[G1a] let FNORM_POS_LE = prove
  (`!A:real^N^M. &0 <= fnorm A`,
  HOL Light scripts);;
[G1b] let FNORM_EQ_0 = prove
  (`!A: real^N^M . fnorm A = &0<=> A = mat 0`,
  HOL Light scripts);;
[G2] let FNORM_MUL = prove
  (`!a A:real^N^M. fnorm(a %% A) = abs(a) * fnorm A`,
  HOL Light scripts);;
[G3] let FNORM_TRIANGLE = prove
  (`!A:real^N^M B:real^N^M. fnorm(A + B) <= fnorm(A) + fnorm(B)`,
  HOL Light scripts);;
```

其中，函数 "abs(a)" 返回实数 a 的绝对值。

值得注意的是，对于任意的两个矩阵 A、B，若 A、B 可以相乘，则矩阵的 F-范数满足

$$\|AB\|_F \leqslant \|A\|_F \|B\|_F \tag{2.7}$$

在矩阵分析理论中，式 (2.7) 通常作为矩阵范数应满足的第四条法则 (相容性)[9]，可形式化为定理 2.10。

定理 2.10 F-范数相容性

```
let FNORM_SUBMULT = prove
(`!A:real^M^P B:real^N^M. fnorm (A ** B) <= fnorm (A) * fnorm (B)`,
HOL Light scripts);;
```

在定理 2.10 中，之所以没有如式 (2.7) 中显式给出 A、B 可以相乘的条件，是因为矩阵 A、B 在 HOL Light 系统初始化类型时，已经规定 A、B 可以相乘。

另外，对于任意的 $A, B \in R^{m \times n}$，F-范数还满足

$$\mathrm{tr}\left(A^{\mathrm{T}} B\right) \leqslant \|A\|_F \|B\|_F \tag{2.8}$$

其中，"tr()" 为矩阵的迹函数。实际上式 (2.8) 为 Cauchy-Schwarz 不等式的一种特殊情况。它作为定义矩阵内积的依据。矩阵的 Cauchy-Schwarz 不等式 "FNORM_CAUCHY_SCHWARZ" 可形式化为定理 2.11。

定理 2.11 Cauchy-Schwarz 不等式

```
let FNORM_CAUCHY_SCHWARZ = prove
(`!A:real^N^M B:real^N^M. trace(transp A ** B) <=
fnorm(A) * fnorm(B)`,
HOL Light scripts);;
```

选定如式 (2.6) 所示的距离函数，可以构造距离空间。一般地，距离空间如定义 2.3 所示。矩阵为空间元素的距离空间形式化描述如定义 2.29 所示。

定义 2.29 矩阵为空间元素的距离空间形式化

```
let matrix_metric_spaces = new_definition
`matrix_metric_spaces (s:real^N^M->bool) <=>
(!x y:real^N^M C. (A IN s) /\ (B IN s) /\ (C IN s)==>
(&0 <= matrix_dist(A,B)) /\ ((matrix_dist(A,B) = &0) <=> (A = B))
/\ (matrix_dist(A,B) = matrix_dist(B,A)) /\
(matrix_dist(A,C) <= matrix_dist(A,B) + matrix_dist(B,C)))`;;
```

利用 F-范数性质，很容易证明，式 (2.6) 所示的距离函数为 $R^{m \times n}$ 上的距离。因此，可以证明矩阵符合构成距离空间的基本要求，详见定理 2.12。

定理 2.12　$R^{m \times n}$ 满足距离空间的基本性质

```
⊢ matrix_metric_spaces (UNIV:real^N^M->bool);;
```

定理 2.12 的高阶逻辑推导过程可以分解为如下四个子目标证明。

```
[G1a] let MATRIX_DIST_POS_LE = prove
   (`!A: real^N^M  B. &0 <= matrix_dist(A,B)`,
  HOL Light scripts);;
[G1b] let MATRIX_DIST_EQ_0 = prove
      (`!A:real^N^M B. (matrix_dist(A,B) = &0) <=> (A = B)`,
      HOL Light scripts);;
[G2] let MATRIX_DIST_SYM = prove
      (`!A:real^N^M B. matrix_dist(A,B) = matrix_dist(B,A)`,
      HOL Light scripts);;
[G3] let MATRIX_DIST_TRIANGLE = prove
      (`!A:real^N^M B C. matrix_dist(A,C) <=
      matrix_dist(A,B) + matrix_dist(B,C)`,
      HOL Light scripts);;
```

显然，定理 2.12 与定理 2.9 的证明方法和证明过程类似。

2.4.4　内积性质

根据文献 [9]，矩阵的内积及其形式化描述如定义 2.30 所示。

定义 2.30　设 A、B 为矩阵 $R^{m \times n}$ 的任意两个元素 (或点)，A、B 两点之间存在如式 (2.9) 的二元映射

$$< A, B >= \mathrm{tr}\left(A^{\mathrm{T}}B\right) \tag{2.9}$$

则称 $< A, B >$ 为 $R^{m \times n}$ 上的内积

```
let mip = new_definition
 `(A:real^N^M) mip (B:real^N^M) = trace (transp A ** B)`;;
```

根据定义 2.30 和定义 2.5，形式化矩阵内积空间 (空间中的元素为矩阵) 如定义 2.31 所示。

定义 2.31　矩阵内积空间形式化

```
let mip_spaces = new_definition
 `mip_spaces (s:real^N^M->bool) <=>
 (!x y:real^N^M C. (A IN s) /\ (B IN s) ==>
 (0 <= A mip A) / ((A mip B = 0) <=> (A = B)) /\
```

```
(A mip B = B mip A) /\
((a %% A + b %% B) mip C = a * (A mip C) + b *(B mip C)))`;;
```

可以形式化证明 $R^{m \times n}$ 符合构成内积空间的基本要求，如定理 2.13所示。

定理 2.13 $R^{m \times n}$ 满足构成内积空间的基本性质

```
⊢ mip_spaces (UNIV:real^N^M->bool);;
```

定理 2.13 可以分解为如下四个子目标来实现高阶逻辑证明。

```
[G1a] let MIP_POS_LE = prove
     (`!A:real^N^M. &0 <= A mip A`,
     SIMP_TAC[mip;TRACE_TRANSP_POS_LE]);;
[G1b] let MIP_EQ_0 = prove
        (`!A:real^N^M. (A mip A = &0) <=> (A = mat 0)`,
        HOL Light scripts);;
[G2] let MIP_SYM = prove
        (`!A:real^N^M B. A mip B = B mip A`,
        MATRIX_ARITH_TAC);;
[G3] let MIP_LADD = prove
        (`!A:real^N^M B C a b. (a %% A + b %% B) mip C =
        a * (A mip C) + b *(B mip C)`,
        MATRIX_ARITH_TAC);;
```

其中，子目标 [G1a] 和 [G1b] 表示定义 2.5 性质 (1) 的形式化，子目标 [G2] 表示定义 2.5 性质 (2) 的形式化，子目标 [G3] 对应定义 2.5 性质 (3) 的形式化。定理 2.13 可以通过调用 "MATRIX_ARITH_TAC" 策略来实现自动证明。

另外，对于任意 $A \in R^{m \times n}$，矩阵的内积满足式 (2.10)，其形式化为定理 2.14。

$$\sqrt{<A, A>} = \|A\|_F \tag{2.10}$$

定理 2.14 矩阵内积能诱导出 F-范数

```
let FNORM_ON_MIP = prove
 (`!A:real^N^M. fnorm (A) = sqrt (A mip A)`,
 REWRITE_TAC [fnorm; mip]);;
```

定理 2.14 通过重写矩阵内积和 F-范数的定义即可证明，该定理表明 F-范数能够被内积诱导出来。

2.5　矩阵结构的完备性

2.5.1　空间完备性的形式化

空间的完备性是建立在距离空间上的一个基础概念。在证明矩阵空间的完备性之前，需要在距离空间中给出如定义 2.32 所示的数学分析基础概念。

定义 2.32　设 $(\boldsymbol{X},d)$ 为距离空间，空间中存在如下的无穷序列 $\{x_n\}_{n=1}^{\infty}$：

(1) 若存在 $x \in \boldsymbol{X}$，使 $\lim\limits_{n\to\infty} d(x_n,x)=0$，则称 $\{x_n\}_{n=1}^{\infty}$ 在 $\boldsymbol{X}$ 收敛。

(2) 若 $\forall \varepsilon>0, \exists N>0$，对 $\forall m,n>N$，都有 $d(x_m,x_n)<\varepsilon$，则称为 Cauchy 序列。

(3) 若 $\boldsymbol{X}$ 中所有的 Cauchy 序列都收敛于 $\boldsymbol{X}$，则称 $\boldsymbol{X}$ 为完备的空间。

基于定义 2.32 的描述，矩阵空间被形式化为定义 2.33。

定义 2.33　矩阵空间中序列 (函数) 的收敛及收敛值的形式化

```
[D1] let matrixtendsto = new_definition
  `((f:A->real^N^M) --> l) net <=> !e. &0 < e ==>
  eventually (\x. matrix_dist(f(x),l) < e) net`;;
[D2] let matrix_lim = new_definition
  `! (f:A->real^N^M) net. matrix_lim net f = (@l. (f --> l) net)`;;
```

定义 2.33 对于序列的收敛值的构造是基于 Moore[10] 等提出的拓扑空间通用的极限理论。在形式化表达式 [D1] 中，使用了 net 或 Moore-Smith 序列。从本质上说，Moore-Smith 序列是在任意拓扑空间中取得的以自然数为下标的序列。同时，[D1] 使用充分大 (eventually) 的数学概念来描述序列或函数在自然数充分大的情况与某个值无限接近。形式化表达式 [D2] 使用定理证明系统中的 ϵ 操作算子取出满足 [D1] 的极限值。

Cauchy 序列形式化描述如定义 2.34 所示。

定义 2.34　Cauchy 序列

```
let matrix_cauchy = new_definition
 `matrix_cauchy (s:num->real^N^M) <=>
!e. &0 < e ==> ?N. !m n. m >= N /\ n >= N
==> matrix_dist(s m,s n) < e`;;
```

显然，定义 2.34 是对定义 2.32 条件 (2) 的直接逻辑描述。

完备性形式化描述如定义 2.35 所示。

定义 2.35　完备性定义 (`matrix_complete`)

```
let matrix_complete = new_definition
`matrix_complete s <=>
!f:num->real^N^M. (!n. f n IN s) /\ matrix_cauchy f
==> ?l. l IN s /\ (f --> l) sequentially`;;
```

其中,"sequentially" 函数表示数学表达式 $n \to \infty$。

根据定义 2.32 ~ 定义 2.35,矩阵结构的完备性高阶逻辑描述如定理 2.15 所示。

定理 2.15 $R^{m \times n}$ 是完备的距离结构

```
let MATRIX_COMPLETE_UNIV = prove
(`matrix_complete(:real^N^M)`,
HOL Light scripts);;
```

2.5.2 巴拿赫空间与希尔伯特空间

根据定义 2.4,一个完备的赋范空间称为巴拿赫空间。因此,巴拿赫空间 (空间元素限定为矩阵) 形式化为定义 2.36。

定义 2.36 巴拿赫空间

```
let matrix_banach_spaces = new_definition
`matrix_banach_spaces (s:real^N^M->bool) <=>
matrix_complete s /\ matrix_norm_spaces s`;;
```

显然,根据定理 2.9 和定理 2.15,可以证明矩阵 $R^{m \times n}$ 满足巴拿赫空间的基本性质。

同理,根据定义 2.5,一个完备的内积空间称为希尔伯特空间。因此,希尔伯特空间 (空间元素限定为矩阵) 形式化为定义 2.37。

定义 2.37 希尔伯特空间

```
let matrix_hilbert_spaces = new_definition
`matrix_hilbert_spaces (s:real^N^M->bool) <=>
matrix_complete s /\ mip_spaces s`;;
```

根据定理 2.13 和定理 2.15 可以证明矩阵 $R^{m \times n}$ 符合一个完备的内积空间所需满足的基本性质。

2.6 本 章 小 结

本章从抽象空间的角度出发,实现对矩阵结构的形式化建模。该形式化建模主要包含对矩阵空间的基本数据结构的定义,以及对矩阵所涉及的线性性质、拓扑性质、赋范性质、内积性质的形式化证明。最后，本章还给出了矩阵结构完备性的形式化，为后续的矩阵级数理论、矩阵函数的连续性与微分的形式化奠定了基础。

参 考 文 献

[1] 林锰, 吴红梅. 线性空间与矩阵论. 哈尔滨: 哈尔滨工业大学出版社, 2016.

[2] 蒋艳杰, 李忠艳. 现代应用数学基础. 北京: 科学出版社, 2011.

[3] 胡适耕, 张显文. 抽象空间引论. 北京: 科学出版社, 2005.

[4] Harrison J. A HOL theory of Euclidean space//International Conference on Theorem Proving in Higher Order Logics, Oxford, 2005.

[5] Shi Z P, Zhang Y, Liu Z K, et al. Formalization of matrix theory in HOL4. Advances in Mechanical Engineering, 2014,6:1-16.

[6] 康西楠, 施智平, 叶世伟, 等. 矩阵变换理论在 HOL4 中的形式化. 计算机仿真, 2014,31(3): 289-294.

[7] Maggesi M. A Formalization of metric spaces in HOL Light. Journal of Automated Reasoning, 2018,60(2): 237-254.

[8] 夏道行, 汤亚立. 线性拓扑空间引论. 上海: 上海科学技术出版社, 1986.

[9] 陈云鹏, 张凯院, 徐仲. 矩阵论. 4 版. 西安: 西北工业大学出版社, 2010.

[10] Moore E H, Smith H L. A general theory of limits. American Journal of Mathematics, 1922,44(2): 102-121.

第 3 章　矩阵序列与矩阵级数理论的形式化

矩阵分析理论的建立，同数学分析一样，也是以极限理论为基础，主要讨论的是序列和函数的各种极限问题。本章首先从矩阵序列 (矩阵级数是一种特殊的矩阵序列) 的极限问题出发，在 HOL Light 中建立矩阵序列的基本理论框架，主要集中在序列的各种收敛问题的形式化证明。其次，本章形式化柯西审敛准则，并将其应用于矩阵级数收敛性的形式化分析。再次，利用矩阵幂级数实现 e^A、$\sin A$、$\cos A$、$\log A$ 等超越函数的形式化。最后，基于矩阵序列，实现矩阵序列紧致性的形式化。

3.1　矩阵序列与矩阵级数的形式化

3.1.1　矩阵序列

在 HOL Light 中，数据类型 $\alpha \to \text{real}^\wedge N^\wedge M$ 是一种具有多态性的数据类型。它描述的是某一类型 α 变量到 $M \times N$ 实矩阵的映射，它的多态性体现在其类型变量 α，若 α 被实例化为实数类型 (real)，则它表示的是一个单变量映射到矩阵的函数；若 α 被实例化为实矩阵类型 $(\text{real}^\wedge Q^\wedge P)$ (取不同的维度变量表示映射的自变量矩阵与因变量矩阵可能取不同的维度)，则它可以被实例化为矩阵空间变换的某个算子；若 α 被实例化为自然数类型 (num)，则它可以被实例化为某个矩阵序列。因此，HOL Light 中关于矩阵序列的形式定理库基本都是对于数据类型 $\text{num} \to \text{real}^\wedge N^\wedge M$ 的计算和证明推理。

研究矩阵序列的核心问题在于研究它的收敛性。矩阵序列的收敛性形式化定义已经在 2.5 节的定义 2.33 中给出。矩阵序列有以下四个基本性质。

(1) 在矩阵 $R^{m \times n}$ 中，收敛序列的收敛值唯一，该性质可形式化为定理 3.1。

定理 3.1　收敛序列收敛值唯一 (MATRIX_LIM_UNIQUE) 性质

```
let MATRIX_LIM_UNIQUE = prove
(`!net:(A)net f:A->real^N^M l:real^N^M l'.
 (f --> l) net /\ (f --> l') net ==> (l = l')`,
 HOL Light scripts);;
```

(2) 矩阵序列收敛等价于其按元素生成的实序列收敛。

定理 **3.2**　MATRIX_LIM_COMPONENTWISE_REAL

```
let MATRIX_LIM_COMPONENTWISE_REAL = prove
(`!net f:A->real^N^M l.
(f --> l) net <=>
!i j. (1 <= i /\ i <= dimindex(:M)) /\
(1 <= j /\ j <= dimindex(:N))
==> limit euclideanreal (\x. f x$i$j) (l$i$j) net`,
EWRITE_TAC[GSYM LIMIT_MATRIX_SPACE;
MATRIX_LIMIT_COMPONENTWISE_REAL]);;
```

其中，"euclideanreal" 为实数空间 $\mathbb{R}$ 的形式化定义。

(3) 设 $\boldsymbol{A}^{(k)} \to \boldsymbol{A}, \boldsymbol{B}^{(k)} \to \boldsymbol{B}$，则

$$\lim_{k\to\infty} \left(a\boldsymbol{A}^{(k)} + b\boldsymbol{B}^{(k)}\right) = a\boldsymbol{A} + b\boldsymbol{B}$$
$$\lim_{k\to\infty} \boldsymbol{A}^{(k)}\boldsymbol{B}^{(k)} = \boldsymbol{A}\boldsymbol{B} \tag{3.1}$$

式 (3.1) 所描述的性质都能通过定理 3.2 证明，在此不再赘述。

(4) $\boldsymbol{A}^{(k)} \to \boldsymbol{A} \Leftrightarrow \left\|\boldsymbol{A}^{(k)} - \boldsymbol{A}\right\| \to 0$。

在 HOL Light 中，将定义 2.26 代入定义 2.33 即可证明性质 (4) 成立。

3.1.2　矩阵级数

矩阵级数是将某个无穷矩阵序列 $\{\boldsymbol{A}_n\}_{n=0}^{\infty}$ 逐项相加形成的无穷和，即

$$\sum_{n=0}^{\infty} \boldsymbol{A}_n = \boldsymbol{A}_0 + \boldsymbol{A}_1 + \cdots + \boldsymbol{A}_n + \cdots \tag{3.2}$$

与矩阵序列相比，矩阵级数的形式化过程更具有技巧性。图 3.1 描述了矩阵级数在 HOL Light 中具体实现的流程。如图 3.1 所示，矩阵级数形式化具有如下的步骤。

(1) 形式化矩阵的求和函数 $\sum_{n=0}^{\infty} \boldsymbol{A}_n$(部分和)。

定义 **3.1**　有限矩阵序列求和函数 (msum)

```
let msum = new_definition
`(msum:(A->bool)->(A->real^N^M)->real^N^M) s f = lambda i j.
sum s (\x. f(x)$i$j)`;;
```

定义 3.1 的构造原理是将矩阵按元素逐项相加,然后通过矩阵构造函数 "lambda" 构造出新的和矩阵。

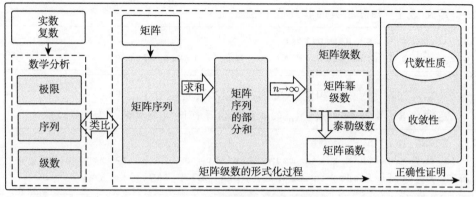

图 3.1 矩阵级数的形式化流程

(2) 将矩阵级数写成无穷矩阵序列的形式。式 (3.2) 也可以写成无穷矩阵序列的形式，即

$$A_0, A_0 + A_1, \cdots, \sum_{n=0}^{\infty} A_n, \cdots \tag{3.3}$$

显然，式 (3.3) 是通项为原序列 $\{A_n\}_{n=0}^{\infty}$ 的部分和的新矩阵序列 $\{S_n\}_{n=0}^{\infty}$。矩阵级数 $\sum\limits_{n=0}^{\infty} A_n$ 的收敛等价于新序列 $\{S_n\}_{n=0}^{\infty}$ 收敛。如果新序列 $\{S_n\}_{n=0}^{\infty}$ 收敛，则矩阵级数的收敛值等于新矩阵序列的收敛值。

新序列 $\{S_n\}_{n=0}^{\infty}$ 的收敛性形式化如定义 3.2 所示。

定义 3.2 新序列 $\{S_n\}_{n=0}^{\infty}$ 收敛性形式化

```
let msums = new_definition
 `(f msums l) s = ((\n. msum(s INTER (0..n)) f) --> l)
  sequentially`;;
```

其中，集合 s 为自然数集合，它可以限定序列取特定的下标以生成其子序列，方便考查子序列的收敛性，通常情况下它取自然数的全集。

(3) 判定新序列 $\{S_n\}_{n=0}^{\infty}$ 的收敛值是否存在，以确定矩阵级数的收敛性。因此，矩阵级数的收敛性和收敛值可以形式化为定义 3.3 和定义 3.4。

定义 3.3 矩阵级数收敛性的形式化

```
let msummable = new_definition
  `msummable s (f:num->real^N^M) = ?l. (f msums l) s`;;
```

在定义 3.3 中，如果 $\{S_n\}_{n=0}^{\infty}$ 的收敛值存在，则可以使用 "ε-算子" 将其收敛值取出来。

定义 3.4　矩阵级数的收敛值 (infmsum)

```
let infmsum = new_definition
 `infmsum s (f:num->real^N^M) =  @l. (f msums l) s`;;
```

显然，根据定义 3.3 和定义 3.4，可以实现定理 3.3 的证明。

定理 3.3　新序列 $\{S_n\}_{n=0}^{\infty}$ 的收敛等价于矩阵级数收敛

```
let MSUMS_INFSUM = prove
 (`!f:num->real^N^M s. (f msums (infmsum s f)) s <=> msummable s f`,
 REWRITE_TAC[infmsum; msummable] THEN METIS_TAC[]);;
```

其中，"METIS_TAC" 是 HOL Light、HOL4 等定理证明器中的自动证明策略，充分利用这些自动证明策略可以使问题简化。

根据矩阵序列收敛性的唯一性，也可以证明矩阵级数的收敛值唯一，如定理 3.4 所示。

定理 3.4　矩阵级数的收敛值唯一

```
let MSERIES_UNIQUE = prove
 (`!f:num->real^N^M l l' s. (f msums l) s /\ (f msums l') s
 ==> (l = l')`,
 REWRITE_TAC[msums] THEN
 MESON_TAC[TRIVIAL_LIMIT_SEQUENTIALLY; MATRIX_LIM_UNIQUE]);;
```

其中，"MESON_TAC" 是与 "METIS_TAC" 类似的自动证明策略。

矩阵级数收敛的必要条件如定理 3.5 所示。

定理 3.5　矩阵级数 $\sum\limits_{n=0}^{\infty} A_n$ 收敛，则 $\lim\limits_{n\to\infty} A_n = 0$ 成立

```
let MSERIES_TERMS_TOZERO = prove
 (`!f:num->real^N^M l n. (f msums l) (from n) ==>
 (f --> mat 0) sequentially`,
 HOL Light scripts);;
```

根据定理 3.5，可以快速判断矩阵级数是否收敛。快速判断矩阵级数收敛的充分条件将在 3.2 节给出。在形式化证明柯西审敛准则在矩阵序列的推广形式后，还将给出关于矩阵级数的比较审敛法和比值审敛法的形式化证明。

3.1.3　矩阵幂级数

矩阵幂级数是一种特殊的矩阵级数，它在矩阵分析中占有重要的地位，因为它是建立矩阵函数的依据。矩阵幂级数需要引入矩阵幂的概念，只有方阵才能做

幂运算，因此矩阵幂级数可以转换成一种特殊的无穷方阵序列。在 HOL Light 中，无穷方阵序列的数据类型构造为 num → real^N^N，方阵的幂运算的形式化可以用定义 3.5 所示的递归定义来实现。

定义 3.5　方阵的幂运算

```
let matrix_pow = define
[D1]`((matrix_pow: real^N^N->num->real^N^N) A 0 = (mat 1:real^N^N))
[D2] /\ (matrix_pow A (SUC n) = A ** (matrix_pow A n))`;;
```

其中，[D1] 为基本情况的定义，即 $A^0 = I$；[D2] 为递归法则，即 $A^{n+1} = AA^n$。

根据定义 3.5，可以推导出方阵幂很多性质，表 3.1 给出了方阵幂的性质在矩阵分析形式化定理库可供调用的定理名和该性质的数学含义的对照。

表 3.1　HOL Light 中方阵幂性质数学含义

序号	定理名	数学含义
1	MATRIX_POW_1	$A^1 = A$
2	MATRIX_POW_0	$n \neq 0 \Rightarrow 0^n = 0 \land n = 0 \Rightarrow 0^n = I$
3	MATRIX_POW_ONE	$I^n = I$
4	MATRIX_POW_CMUL	$(kA)^n = k^n A^n$
5	MATRIX_POW_ADD	$A^{m+n} = A^m A^n$
6	MATRIX_POW_SIM	$(PAP^{-1})^n = PA^nP^{-1}$
7	MATRIX_POW_INC	$(A^0 + A^1 + \cdots + A^n)(I - A) = I - A^{n+1}$

其中，0 为 $N \times N$ 零矩阵，A 为任意 $N \times N$ 方阵，P 为任意可逆方阵。

基于定义 3.5，矩阵幂级数 $\sum_{n=0}^{\infty} c_n A_n$ 可以形式化为定义 3.6。

定义 3.6　方阵的幂级数

```
let matrix_pow_series = new_definition
 `!A:real^N^N c:num->real. matrix_pow_series c A =
 infmsum (from 0) (\n. c n) %% (A matrix_pow n))`;;
```

定义 3.6 在 HOL Light 系统中是否有意义，取决于该幂级数是否收敛。在 HOL Light 中，不收敛的级数是无法进行计算和推理的。

对定义 3.6 做特殊化处理，使 $c_n = 1$ 可以写出如式 (3.4) 的幂级数，即 Neumann 级数。

$$\sum_{n=0}^{\infty} A^n = A^0 + A^1 + \cdots + A^n + \cdots \tag{3.4}$$

式 (3.4) 可以形式化描述为定义 3.7。

定义 3.7　Neumann 级数

```
let neumann_series = new_definition
 `!A:real^N^N. neumann_series A =
 infmsum (from 0) (A matrix_pow n)`;;
```

Neumann 级数的收敛性满足定理 3.6。

定理 3.6　任意方阵 A 的 Neumann 级数收敛于 $(I - A)^{-1}$ 的充要条件是 $A^n \to 0 \,(n \to \infty)$

```
let NEUMANN_CONVERGENCE = prove
 (`!A:real^N^N. neumann_series A = matrix_inv (mat 1 - A) <=>
 ((\n. matrix pow A n) --> mat 0) sequentially `,
 HOL Light scripts);;
```

定理 3.6 的必要性可以通过定理 3.5 证明，充分性的证明首先需要完成引理 3.1 的证明。

引理 3.1　任意方阵 A，若 $A^n \to 0 \,(n \to \infty)$，则 $(I - A)$ 可逆

```
let NEUMANN_LEMMA1 = prove
 (`!A:real^N^N. ((\n. matrix pow A n) --> mat 0) sequentially ==>
 invertible (mat 1 - A)`,
 HOL Light scripts);;
```

其中，函数 "invertible" 用于判定矩阵是否可逆。

方阵幂满足

$$\left(A^0 + A^1 + \cdots + A^n\right)(I - A) = I - A^{n+1} \tag{3.5}$$

结合引理 3.1，则

$$A^0 + A^1 + \cdots + A^n = (I - A)^{-1} - A^{n+1}(I - A)^{-1} \tag{3.6}$$

此时，可证明引理 3.2 成立。

引理 3.2　任意同阶方阵 A、B，若 $A^n \to 0 \,(n \to \infty)$，则 $A^{n+1}B \to 0 \,(n \to \infty)$

```
let NEUMANN_LEMMA2 = prove
 (`!A:real^N^N B:real^N^N. ((\n. matrix pow A n) --> mat 0)
 sequentially ==>
 ((\n. (matrix pow A (SUC n)) ** B) --> mat 0) sequentially `,
 HOL Light scripts);;
```

其中，函数 "SUC n" 表示自然数 $n+1$。

根据式 (3.6)、引理 3.2，并结合矩阵序列的基本性质，定理 3.6 的充分性即可证明完毕。

3.2 柯西审敛准则在矩阵序列的推广

柯西审敛准则由柯西提出，它最早被用于研究数项序列的收敛性。基于柯西审敛准则的序列收敛性判断方法是一种通用的收敛性判断方法。柯西审敛准则的核心是柯西序列。柯西序列只牵涉距离的概念，因此它能被推广到任何距离空间中。矩阵空间满足构成巴拿赫空间的基本要求，因此将柯西审敛准则推广到矩阵空间用于确定矩阵序列收敛性是可行的。本节在 HOL Light 中给出适用于矩阵序列的柯西审敛准则形式化证明，并且基于推广后的柯西审敛准则，推导出两条用于判断矩阵级数收敛性的推论：比较审敛法和比值审敛法，并证明了两条推论的正确性。

3.2.1 柯西审敛准则

在研究某些数项序列 $\{a_n\}$ 的收敛性问题 $a_n \to l\,(n \to \infty)$ 时，如果能够推测出序列 $\{a_n\}$ 可能的收敛值 l，通过序列收敛的定义，能够解决这类序列的收敛性证明。然而，在通常情况下，很难确定确切的收敛值 l。在没有确定收敛值的情况下，通过使用序列收敛的定义往往很难证明序列的收敛性。例如，超越函数 e^x，它实际上是一个泰勒级数。当 x 取某些特殊值时，很难计算出 e^x 的确切的收敛值。柯西审敛准则的提出能够很好地解决这类问题。

根据柯西的思想，如果能够证明一个数项序列在序列下标充分大的情况下，序列相邻两项之间变得足够接近，那么序列所在空间的完备性能够保证该序列收敛，且不需要确定该序列确切的收敛值。称满足这种接近特性的序列为柯西序列。既然如此，能否将该思想应用到矩阵序列的收敛性证明中呢？答案是肯定的。

在 2.5.1 节定义 2.34 中给出了矩阵柯西序列的形式化定义，那么矩阵的柯西审敛准则能够形式化描述为定理 3.7。

定理 3.7　任意矩阵序列 $\{A_n\}$ 收敛的充要条件是 $\{A_n\}$ 为柯西序列

```
let MATRIX_CONVERGENT_EQ_CAUCHY = prove
(`!s:num->real^N^M. (?l. (s --> l) sequentially) <=>
matrix_cauchy s`,
 HOL Light scripts);;
```

定理 3.7 的充分性，可以由矩阵的完备性证明 (定理 2.15)，因为完备空间的任何柯西序列收敛于 $R^{m \times n}$，其必要性思路如下。

不妨设 $\{\boldsymbol{A}_n\}$ 收敛于 l，使用定义 2.33，则对于任意的 $\forall \varepsilon > 0, \exists N > 0, \forall n > N$，则有

$$\|\boldsymbol{A}_n - l\| < \varepsilon \tag{3.7}$$

令 $\varepsilon = \dfrac{\varepsilon_1}{2}$，使用实数定理 $\left(\forall x. \dfrac{x}{2} > 0 \Leftrightarrow x > 0 \right)$，则对于任意的 $\forall \varepsilon_1 > 0, \exists N > 0, \forall n > N$，有

$$\|\boldsymbol{A}_n - l\| < \varepsilon_1/2 \tag{3.8}$$

令 $n = a$，有

$$\|\boldsymbol{A}_a - l\| < \varepsilon_1/2 \tag{3.9}$$

同理，令 $n = b$，有

$$\|\boldsymbol{A}_b - l\| < \varepsilon_1/2 \tag{3.10}$$

由矩阵范数的三角不等式，可得

$$\|\boldsymbol{A}_a - \boldsymbol{A}_b\| \leqslant \|\boldsymbol{A}_a - l\| + \|\boldsymbol{A}_b - l\| < \varepsilon_1/2 + \varepsilon_1/2 = \varepsilon_1 \tag{3.11}$$

因此，$\{\boldsymbol{A}_n\}$ 为柯西序列。证毕。

可以看出，柯西审敛准则能很好地推广到矩阵序列收敛性的证明中。上述证明过程已在 HOL Light 中完成，因此不再赘述。

3.2.2　比较审敛法和比值审敛法

柯西审敛准则可以将矩阵序列 $\{\boldsymbol{A}_n\}$ 的收敛问题转化为柯西序列判定问题。在判断序列是否为柯西序列的过程中，不需了解序列确切的收敛值，只需要以间接的方式先去考查当 n 充分大时，序列 $\{\boldsymbol{A}_n\}$ 中点的接近情况。在数学分析中，有多种方式来判断序列项的接近性。例如，在解决矩阵级数的收敛性问题时，可以用如下的方式构造柯西序列。

首先，将矩阵序列以式 (3.2) 方式写成矩阵级数的部分和序列。然后，当 n 充分大时，在部分和序列中任取两项 $\boldsymbol{S}_m$、$\boldsymbol{S}_n$(不妨设 $n < m$)，则可构造出

$$\|\boldsymbol{S}_m - \boldsymbol{S}_n\| = \|\boldsymbol{A}_{n+1} + \cdots + \boldsymbol{A}_m\| < \varepsilon \tag{3.12}$$

即可构造出可能的柯西序列 (若矩阵级数发散则不是柯西序列)。以上构造方式可以形式化为定理 3.8。

定理 3.8　任意矩阵级数 $\displaystyle\sum_{n=0}^{\infty} \boldsymbol{A}_n = \boldsymbol{A}_0 + \boldsymbol{A}_1 + \cdots + \boldsymbol{A}_n + \cdots$ 收敛的充要条件是其部分和序列 $\boldsymbol{A}_0, \boldsymbol{A}_0 + \boldsymbol{A}_1, \cdots, \displaystyle\sum_{n=0}^{\infty} \boldsymbol{A}_n, \cdots$ 是柯西序列

```
let MSERIES_CAUCHY = prove
 (`!f:num->real^N^M s. (?l. (f msums l) s) = !e. &0 < e ==>
?N. !m n. m >= N
 ==> fnorm(msum(s INTER (m..n)) f) < e`,
 HOL Light scripts);;
```

基于定理 3.7, 定理 3.8(柯西审敛准则) 可实现形式化证明。

为进一步化简问题, 定理 3.8 还有定理 3.9 和定理 3.10 两条推论, 它们分别对应矩阵序列的比较审敛法和比值审敛法。

矩阵级数的比较审敛法是对数项级数的比较审敛法的推广, 它可以被形式化描述为定理 3.9。

定理 3.9 对于任意的矩阵级数 $\sum_{n=0}^{\infty} \boldsymbol{A}_n = \boldsymbol{A}_0 + \boldsymbol{A}_1 + \cdots + \boldsymbol{A}_n + \cdots$, 若存在一个收敛的实数项级数 $\{g_n\}$, 存在某个自然数 N, 当 $\forall n \geqslant N$ 时, $\|\boldsymbol{A}_n\| < g_n$, 则矩阵级数 $\sum_{n=0}^{\infty} \boldsymbol{A}_n$ 收敛

```
let MSERIES_COMPARISON = prove
 (`!f g s. (?l. ((lift_lift o g) msums l) s) /\
 (?N. !n. n >= N /\ n IN s ==> fnorm(f n) <= g n)
 ==> ?l:real^N^M. (f msums l) s`,
 REPEAT GEN_TAC THEN REWRITE_TAC[MSERIES_CAUCHY] THEN
 DISCH_THEN(CONJUNCTS_THEN2 MP_TAC (X_CHOOSE_TAC `N1:num`)) THEN
 MATCH_MP_TAC MONO_FORALL THEN X_GEN_TAC `e:real` THEN
 MATCH_MP_TAC MONO_IMP THEN REWRITE_TAC[] THEN
 DISCH_THEN(X_CHOOSE_TAC `N2:num`) THEN
 EXISTS_TAC `N1 + N2:num` THEN
 MAP_EVERY X_GEN_TAC [`m:num`; `n:num`] THEN DISCH_TAC THEN
 MATCH_MP_TAC REAL_LET_TRANS THEN
 EXISTS_TAC `fnorm (msum (s INTER (m .. n)) (lift_lift o g))` THEN
 CONJ_TAC THENL
 [SIMP_TAC[GSYM LIFT2_SUM; FINITE_INTER_NUMSEG; FNORM_LIFT2] THEN
 MATCH_MP_TAC(REAL_ARITH `x <= a ==> x <= abs(a)`) THEN
 MATCH_MP_TAC MSUM_FNORM_LE THEN
 REWRITE_TAC[FINITE_INTER_NUMSEG; IN_INTER; IN_NUMSEG] THEN
 ASM_MESON_TAC[ARITH_RULE `m >= N1 + N2:num /\ m <= x ==> x >= N1`];
 ASM_MESON_TAC[ARITH_RULE `m >= N1 + N2:num ==> m >= N2`]]);;
```

其中, 函数 "lift_lift" 是将实数的数据类型转化成 1×1 矩阵的函数。在非形式

化的数学中,矩阵级数在限定特定的维度后,它既可以看成是数项级数,也可以被看成是向量级数,它在数据格式上具有更好的通用性。

比值审敛法可以被形式化描述为定理 3.10。

定理 3.10　对于任意的矩阵级数 $\sum\limits_{n=0}^{\infty} \boldsymbol{A}_n = \boldsymbol{A}_0 + \boldsymbol{A}_1 + \cdots + \boldsymbol{A}_n + \cdots$,若对于任意的实数 $c < 1$,任意的自然数 N,当 $\forall n \geqslant N$ 时,满足 $\|\boldsymbol{A}_{n+1}\| \leqslant c\|\boldsymbol{A}_n\|$,则矩阵级数 $\sum\limits_{n=0}^{\infty} \boldsymbol{A}_n$ 收敛

```
let MSERIES_RATIO = prove
 (`!c a s N. c < &1 /\
 (!n. n >= N ==> fnorm(a(SUC n)) <= c * fnorm(a(n)))
 ==> ?l:real^N^M. (a msums l) s`,
 HOL Light scripts);;
```

定理 3.9 和定理 3.10 将复杂的收敛性问题转化为序列相邻项之间的比较,或者是与另外的简单序列进行逐项比较的问题,使矩阵级数的收敛性问题的证明大大简化。

3.3　矩阵函数的形式化

3.3.1　一般矩阵函数的形式化定义

根据不同的抽象程度,矩阵函数有不同的意义。为了尽可能保持矩阵函数的一般性,并提高它在定理证明器中形式化的实用性,本书将矩阵函数定义为从一个矩阵映射到另一个矩阵的函数。

根据矩阵函数定义,在定理证明器 HOL Light 中,矩阵函数被抽象为如下的数据类型

$$\text{real}^\wedge N^\wedge M \to \text{real}^\wedge Q^\wedge P \tag{3.13}$$

其中,M、N、P、Q 均是任取的非零自然数,对矩阵的维度未做任何限制。另一方面,可以通过在定理 3.9 中提及的转换函数 "lift_lift" 将实数提升为 1×1 矩阵。因此,矩阵函数可以举例如下 5 种具体情形。

(1) 行列式函数 $\det(\boldsymbol{A})$,其类型为 $\text{real}^\wedge N^\wedge N \to \text{real}^\wedge 1^\wedge 1$。

(2) 矩阵转置函数 $\boldsymbol{A}^{\mathrm{T}}$,其类型为 $\text{real}^\wedge N^\wedge M \to \text{real}^\wedge M^\wedge N$。

(3) 以 t 为自变量的矩阵指数函数 $\mathrm{e}^{\boldsymbol{A}t}$,其类型为 $\text{real}^\wedge 1^\wedge 1 \to \text{real}^\wedge N^\wedge N$。

(4) 矩阵乘法 $\boldsymbol{A}\boldsymbol{B}$,以 $\boldsymbol{A}$ 或 $\boldsymbol{B}$ 为函数自变量的函数,其类型为 $\text{real}^\wedge N^\wedge M \to \text{real}^\wedge P^\wedge M$。

(5) 李群 SO (n) 与其李代数 so (n) 之间的对数映射关系,其类型为 real^N^N → real^N^N。

基于矩阵抽象空间的思想,任何一个矩阵都可以看成是抽象空间中的一个点,任何关于矩阵集合中的点之间的变换关系,只需要满足映射的条件,该关系即可称为是矩阵函数。

相应地,在上述矩阵函数定义基础上,可以定义矩阵函数的连续性、微分等性质。这些性质的形式化定义和证明将在第 5 章予以介绍。

3.3.2 常用的由矩阵幂级数表示的矩阵函数

在实分析中,一般函数在特定的定义域内都可以用泰勒级数、勒让德级数等特殊级数来表示。在该定义域内,只需要保证级数收敛,则函数在该定义域的任何点都能在实数域内取得一个唯一的函数值,因此这种级数表示是有意义的。基于这种表示方式,可以将超越函数表示成多项式级数,以简化问题的处理。上述的表示方式在矩阵分析中也有相应的推广,这种表示常用于矩阵幂级数[1],如定义 3.8 所示。

定义 3.8 设 $s \subset R^{n \times n}, \forall A \in s$,任意的实数项无穷序列 $\{c_n\}_{n=0}^{\infty}$,矩阵函数 $f(A)$ 满足 $f(A) = \sum_{n=0}^{\infty} c_n A^n$,若矩阵幂级数 $\sum_{n=0}^{\infty} c_n A^n$ 在 $(\forall A \in s)$ 时收敛,则称矩阵函数 $f(A)$ 是在 s 上的矩阵幂级数表示。

矩阵幂级数表示在解决矩阵微分方程等实际应用中有重要的作用。因为矩阵 $R^{n \times n}$ 的完备性和可分离性,如果矩阵幂级数在特定的邻域收敛,则该收敛值在 $R^{n \times n}$ 中是唯一的。像这种以矩阵幂级数定义的常用矩阵函数有 e^A、$\sin A$、$\cos A$、$\log A$ 等,其形式化定义分别如定义 3.9 ~ 定义 3.12 所示。

定义 3.9 矩阵指数 $e^A = \sum_{n=0}^{\infty} \dfrac{A^n}{n!}$

```
let matrix_exp = new_definition
 `!A:real^N^N. matrix_exp A =
 infmsum (from 0) (\n. (&1 / &(FACT n)) %% (A matrix_pow n))`;;
```

定义 3.9 有意义的前提是矩阵指数收敛。根据定理 3.9 或定理 3.10 可以证明,矩阵指数 e^A 在 $R^{n \times n}$ 上收敛。定理 3.11 给出了比值审敛法证明矩阵指数收敛性的形式化描述。

定理 3.11 e^A 在 $R^{n \times n}$ 上收敛

```
let MATRIX_EXP= prove
 (`!A:real^N^N. ?l. (((\n. (&1 / &(FACT n)) %% (A matrix_pow n))
 msums l) sequentially`,
```

```
HOL Light scripts);;
```

定理 3.11 在 HOL Light 中证明思路如下。

利用 "ASM_CASES_TAC" 策略对矩阵 A 进行分类讨论。

当 $A = 0$ 时，$e^0 = I$，则 e^A 收敛。

当 $A \neq 0$ 时，$\|A\| \neq 0$。利用定理 3.10，令 $N = \lceil \|A\| \rceil$，其中，$\lceil x \rceil$ 为 x 的 "ceiling" 函数，即该函数返回比 x 大的最小整数值。

对于任意的 $n \geqslant N$，考虑序列相邻项的比值 $\left\| \dfrac{A^{n+1}}{(n+1)!} \right\| / \left\| \dfrac{A^n}{n!} \right\| \leqslant \dfrac{\|A\|}{n+1} \leqslant$

$\dfrac{\lceil \|A\| \rceil}{n+1} \leqslant \dfrac{N}{N+1} < 1$，因此，矩阵指数收敛。证毕。

定义 3.10　矩阵正弦 $\sin A = \sum\limits_{n=0}^{\infty} (-1)^n \dfrac{A^{2n+1}}{(2n+1)!}$

```
let matrix_sin = new_definition
 `!A:real^N^N. matrix_sin A =
 infmsum (from 0) (\n. ((-- &1) pow n) / &(FACT (2*n+1))) %%
 (A matrix_pow (2*n+1)))`;;
```

定义 3.11　矩阵余弦 $\cos A = \sum\limits_{n=0}^{\infty} (-1)^n \dfrac{A^{2n}}{(2n)!}$

```
let matrix_cos = new_definition
 `!A:real^N^N. matrix_cos A =
 infmsum (from 0) (\n. ((-- &1) pow n) / &(FACT (2*n))) %%
 (A matrix_pow (2*n)))`;;
```

仿照定理 3.11 的思路，利用比值审敛法，也可以证明矩阵正弦和矩阵余弦在 $R^{n \times n}$ 上收敛，在此不再赘述。

定义 3.12　矩阵对数 $\log A = \sum\limits_{n=1}^{\infty} (-1)^{n+1} \dfrac{(A-I)^n}{n}$

```
let matrix_log = new_definition
 `!A:real^N^N. matrix_log A =
 infmsum (from 1) (\n. ((-- &1) pow (n+1)) / &n) %%
 ((A - mat 1) matrix_pow n))`;;
```

在证明矩阵对数的收敛性时，可以先考查如下级数

$$g(A) = \sum_{n=1}^{\infty} \frac{A^n}{n} \tag{3.14}$$

也可以由比值审敛法证明,当 $\|A\| < 1$,式 (3.14) 收敛。因此,当 $\|A - I\| \leqslant 1$ 时,矩阵对数收敛。矩阵对数在李代数的研究中有重要的作用。

3.4　矩阵结构紧致性的形式化分析

在数学分析中,紧致性是一种很好的拓扑性质,例如,在紧集上的连续函数有界,并且能达到最大、最小值,能简化很多最优化问题的处理。紧致性也是一个相对苛刻的条件,矩阵空间的全集不满足紧致性。幸运的是,在矩阵结构中利用 F-范数构造矩阵结构中点的距离后,矩阵结构的紧致性与欧氏空间的紧致性具有相似性。很多欧氏空间的紧致性结论都可以直接推广到矩阵结构中。2.4.2 节已经对拓扑空间的紧致性做了初步的探讨,本节将对矩阵结构的紧致性进行形式化分析,并在定理证明器 HOL Light 平台上给出矩阵结构中四种紧致性描述等价性的形式化证明。

3.4.1　紧致性相关概念的形式化

在以定义 2.20 的开集结构所形成的矩阵结构 $R^{m \times n}$ 的拓扑结构中,其闭集 (开集的补集,见定义 2.19) 可见定义 3.13。

　　定义 3.13　矩阵空间 $R^{m \times n}$ 的闭集

```
let matrix_closed = new_definition
 `matrix_closed(s:real^N^M->bool) <=> matrix_open(UNIV DIFF s)`;;
```

参照欧氏空间,矩阵结构的有界集可见定义 3.14。

　　定义 3.14　设 $s \subset R^{m \times n}$,若 $\exists a \geqslant 0$,使得 $\forall x \in s, \|x\| < a$,则称 s 为矩阵结构 $R^{m \times n}$ 中的有界集

```
let matrix_bounded = new_definition
 `matrix_bounded s <=> ?a. !x:real^N^M. x IN s ==> fnorm(x) <= a`;;
```

在以上形式化定义中,矩阵范数取 F-范数。

进一步仿照欧氏空间,矩阵结构的紧集可见定义 3.15。

　　定义 3.15　设 $s \subset R^{m \times n}$,如果 s 中的任何矩阵序列都有收敛到 s 中的子序列,则称 s 为矩阵结构 $R^{m \times n}$ 中的紧集

```
let matrix_compact = new_definition
 `matrix_compact s <=>
 !f:num->real^N^M. (!n. f(n) IN s) ==>
 ?l r. l IN s /\ (!m n:num. m < n ==> r(m) < r(n)) /\
 ((f o r) --> l) sequentially`;;
```

在 HOL Light 中，"ｆｏｒ"描述复合函数 $f(r(n))$。其中，$r(n)$ 是某个严格单调递增的自然数函数。例如，取单调递增函数 $r(n)=2n$，则该复合函数取到的是序列 $f(n)$ 的偶数项子序列 $f(2n)$。显然，只要在函数空间中取不同的单调递增函数，就能在该复合函数中取到不一样的子序列。实际上，定义 3.15 所描述的紧集的性质也称为序列紧致性。

3.4.2　紧致性的等价性证明

与欧氏空间一样，基于不同的抽象程度，矩阵空间也有四种描述不同的紧致性描述。本节在 HOL Light 中证明这四种描述的等价性，因此，为了避免概念的繁复，可以将这些不同概念统称为紧致性。

定理 3.12　　矩阵 $R^{m \times n}$ 中，序列紧致 ⟺ 列紧

```
let MATRIX_COMPACT_EQ_BOLZANO_WEIERSTRASS = prove
(`!s:real^N^M->bool.
 matrix_compact s <=>
 !t. INFINITE t /\ t SUBSET s ==>
 ?x. x IN s /\ x matrix_limit_point_of t`,
 HOL Light scripts);;
```

定理 3.13　　矩阵 $R^{m \times n}$ 中，序列紧致 ⟺ 紧致（拓扑空间的紧致，定义 3.13）

```
let COMPACT_IN_MATRIX_SPACE = prove
(`!s:real^N^M->bool. compact_in matrix_space s <=>
matrix_compact s`,HOL Light scripts);;
```

定理 3.14　　矩阵空间 $R^{m \times n}$ 中，序列紧致 ⟺ 有界且闭

```
let MATRIX_COMPACT_EQ_BOUNDED_CLOSED = prove
(`!s:real^N^M->bool. matrix_compact s <=> matrix_bounded s
/\ matrix_closed s`,
 HOL Light scripts);;
```

定理 3.12～定理 3.14 的证明需要用到诸多拓扑学性质、Heine-Bore 定理以及 Bolzano-Weierstras 定理。

3.5　本章小结

本章运用第 2 章建立的矩阵结构理论形式化框架，实现了矩阵级数理论的数学形式化。首先，在矩阵结构完备性理论的基础上，给出了矩阵序列与矩阵级数的形式化定义。其次，将实分析理论中的柯西审敛准则推广到矩阵序列上，对矩

阵序列的收敛性进行探讨，并形式化证明了比较审敛法和比值审敛法两个用于判断矩阵级数收敛性的重要推论。再次，应用这两个推论证明了一些工程实践中常用矩阵函数的收敛性。最后，对序列紧致性进行探讨，实现了矩阵结构紧致性的形式化证明。

参 考 文 献

[1] 黄有度, 狄成恩, 朱士信. 矩阵论及其应用. 合肥: 中国科学技术大学出版社, 1995.

第 4 章　矩阵函数微分的形式化

在数学分析中，函数的连续性、可微性是其研究的核心问题。它们以极限理论为基础，用于研究函数的自变量微小变化时因变量的变化情况。同时，函数连续性、可微性在几何直观上可以体现为函数是否光滑。在光滑的曲线、曲面、流形上利用微分的性质可以描述曲线、曲面、流形的变化趋势、拐点、极值点等重要概念。在研究物理学上的速度与位置的关系、几何学的切线与切面、最优化、微分方程的建立与求解等实际问题中有重要的作用。为了解决这些分析问题在高阶逻辑定理证明器中的形式化描述的问题，本章将在 HOL Light 中形式化矩阵函数的连续性、微分等重要概念，并对矩阵函数微分理论的重要性质进行形式化。

4.1　矩阵函数连续性

4.1.1　矩阵函数连续性的形式化定义

基于不同的抽象程度，连续性也有多种类型的定义。在研究某个具体空间的连续性时，证明这些连续性的一致性是保证新空间连续性定义正确性的重要方法。本节提出了一种基于距离空间的矩阵函数连续性的形式化定义，该定义一共有两种情形。

(1) 矩阵函数在矩阵集合中某点连续；

(2) 矩阵函数在某矩阵集合 s 上处处连续。

矩阵函数在矩阵集合 s 中某点连续的连续性被形式化为定义 4.1。

定义 4.1　矩阵函数 $f: R^{m \times n} \to R^{p \times q}$，它在矩阵集合 s 中的某点 x 处连续当且仅当对于 $\forall \varepsilon > 0, \exists \delta > 0$，满足对于 $\forall x' \in s, \|x - x'\| < \delta$ 时，有 $\|f(x) - f(x')\| < \varepsilon$ 成立

```
let matrix_continuous_within = new_definition
 `!f x s. matrix_continuous f x s <=>
 !e. &0 < e ==> ?d. &0 < d /\
 !x'. x' IN s /\ matrix_dist(x',x) < d ==>
 matrix_dist(f(x'),f(x)) < e`;;
```

矩阵函数在某矩阵集合 s 上处处连续可见定义 4.2。

定义 4.2 矩阵函数 $f : R^{m \times n} \to R^{p \times q}$，它在矩阵集合 s 上处处连续当且仅当对于 $\forall x \in s$，f 在点 x 处连续

```
let matrix_continuous_on = new_definition
 `!s:real^N^M->bool. f matrix_continuous_on s <=>
 !x. x IN s ==> !e. &0 < e ==> ?d. &0 < d /\
 !x'. x' IN s /\ matrix_dist(x',x) < d ==>
 matrix_dist(f(x'),f(x)) < e`;;
```

基于不同的抽象程度，在 HOL Light 中存在多种关于函数连续性的形式化定义。例如，在 Harrison 欧氏空间[1] 的形式化的工作中，函数连续性的形式化定义是基于 Moore[2] 等提出的基于 Moore-Smith 序列的拓扑空间通用的极限理论。

在该理论中，拓扑空间 X 到 Y 的映射在点 x 处 Moore-Smith 连续当且仅当对于 X 中任意收敛于 x 的 Moore-Smith 序列 $\{x_\alpha\}$，该序列在 Y 中对应的映射值序列 $\{f(x_\alpha)\}$ 也收敛于 $f(x)$。基于这一理论，矩阵函数可以构造对应的 Moore-Smith 连续，其形式化描述如定义 4.3 所示。

定义 4.3 矩阵函数的 Moore-Smith 连续性形式化

```
let matrix_continuous = new_definition
 `!f net. f matrix_continuous net <=> (f --> f(netlimit net)) net`;;
```

其中，"net" 为任意的 Moore-Smith 序列，"netlimit" 表示 Moore-Smith 序列的收敛点。

定义 4.1 与定义 4.3 的一致性，如定理 4.1 所示。

定理 4.1 矩阵函数 Moore-Smith 连续与矩阵函数连续性的一致性定理

```
let MATRIX_CONTINUOUS_WITHIN = prove
 (`f matrix_continuous (matrix_at x within s) <=>
 !e. &0 < e ==> ?d. &0 < d /\
 !x'. x' IN s /\ matrix_dist(x',x) < d
 ==> matrix_dist(f(x'),f(x)) < e`,
 HOL Light scripts);;
```

根据定理 4.1 和定义 2.33，可以得出推论 4.1。

推论 4.1 矩阵函数 $f(x)$ 在 s 上处处连续当且仅当 $\forall x \in s$，$\lim\limits_{x \to x_0} f(x) = f(x_0)$

```
let MATRIX_CONTINUOUS_ON = prove
```

```
(`!f (s:real^N^M->bool).
 f matrix_continuous_on s <=>
 !x. x IN s ==> (f --> f(x)) (matrix_at x within s)`,
HOL Light scripts);;
```

由推论 4.1 可以看出，矩阵函数的连续性与实函数的连续性具有相似的形式。

在拓扑空间中，基于开集，也有连续映射的概念。Maggesi[3] 等在 HOL Light 中给出的拓扑空间连续映射的形式化描述如定义 4.4 所示。

定义 4.4   设 X、Y 为两个拓扑空间，映射 $f: X \to Y$，若在 Y 中的任何开集 V 的原像 $f^{-1}(V)$ 都是 X 中的开集，则 f 为 X 到 Y 的连续映射

```
let continuous_map = new_definition
  `!top top' f:A->B.
  continuous_map (top,top')  f <=>
  (!x. x IN topspace top ==> f x IN topspace top') /\
  (!u. open_in top' u
  ==> open_in top {x | x IN topspace top /\ f x IN u})`;;
```

同理可以证明，在矩阵结构上定义如第 2 章式 (2.3) 的拓扑结构 (以距离定义的邻域结构作为开集)。也可以证明定义 4.1 与定义 4.4 的一致性定理，如定理 4.2 所示。

定理 4.2   矩阵结构的连续矩阵函数也必然是其对应拓扑空间的连续映射

```
let CONTINUOUS_MAP_MATRIX_SPACE = prove
  (`!f:real^N^M->real^Q^P s.
  continuous_map (subtopology matrix_space s,matrix_space) f <=>
  f matrix_continuous_on s`,
  HOL Light scripts);;
```

综上所述，将实函数的连续性在距离空间上推广，并将其应用到矩阵函数上，能保持其底层拓扑映射对连续性要求的一致性。

矩阵函数的连续性也有很多性质，表 4.1 给出了在 HOL Light 中已经被证明的矩阵函数常用的连续性性质。其中，c 为任意的实数，B 为任意的可和 $f(A)$ 相乘的常矩阵。值得注意的是，性质 8 只有在 $f(A)$ 的函数值为方阵时才成立，而对自变量没有要求。

与实数空间类似，在矩阵中集合的紧致性可以通过矩阵函数连续性来传递，它可以被形式化描述为定理 4.3。

表 4.1 矩阵函数常用连续性质的形式化

序号	定理名	数学含义
1	MATRIX_CONTINUOUS_ON_CONST	常矩阵函数 $f(\boldsymbol{A}) = c$ 连续
2	MATRIX_CONTINUOUS_ON_ID	$f(\boldsymbol{A}) = A$ 连续
3	MATRIX_CONTINUOUS_ON_CMUL	$f(\boldsymbol{A})$ 连续 $\Rightarrow cf(\boldsymbol{A})$ 连续
4	MATRIX_CONTINUOUS_ON_RMUL	$f(\boldsymbol{A})$ 连续 $\Rightarrow \boldsymbol{B}f(\boldsymbol{A})$ 连续
5	MATRIX_CONTINUOUS_ON_LMUL	$f(\boldsymbol{A})$ 连续 $\Rightarrow f(\boldsymbol{A})\boldsymbol{B}$ 连续
6	MATRIX_CONTINUOUS_ON_ADD	$f(\boldsymbol{A})$ 连续 $\wedge$ $g(\boldsymbol{A})$ 连续 $\Rightarrow f(\boldsymbol{A}) + g(\boldsymbol{A})$ 连续
7	MATRIX_CONTINUOUS_ON_MUL	$f(\boldsymbol{A})$ 连续 $\wedge$ $g(\boldsymbol{A})$ 连续 $\Rightarrow f(\boldsymbol{A})g(\boldsymbol{A})$ 连续
8	MATRIX_CONTINUOUS_ON_POW	$f(\boldsymbol{A})$ 连续 $\Rightarrow [f(\boldsymbol{A})]^n$ 连续

定理 4.3 如果矩阵函数 $f: R^{m\times n} \to R^{p\times q}$ 在紧集 s 上连续，则 s 的像集也紧致

```
let MATRIX_COMPACT_CONTINUOUS_IMAGE = prove
 (`!f:real^N^M->real^Q^P s.
 f matrix_continuous_on s /\ matrix_compact s
 ==> matrix_compact(IMAGE f s)`,
 REWRITE_TAC[GSYM COMPACT_IN_MATRIX_SPACE;
 GSYM CONTINUOUS_MAP_MATRIX_SPACE] THEN
 MESON_TAC[IMAGE_COMPACT_IN; COMPACT_IN_ABSOLUTE]);;
```

其中，函数 "IMAGE f s" 表示集合 s 在映射 f 下的像集。定理 4.3 表明，在非空紧集上的矩阵函数如果连续，则该矩阵函数必然有界，且 $\|f(\boldsymbol{A})\|$ 能够达到上确界和下确界。

特别地，对于在任意紧集上的函数 $f: R^{m\times n} \to R$，存在与实函数介值定理推广的相似形式。类似欧氏空间，在矩阵结构上引入广义线段，如定义 4.5 所示，其满足的性质如定理 4.4 所示。

定义 4.5 若矩阵集合 $s\,(s \subset R^{m\times n})$ 中，$\exists \boldsymbol{A}, \boldsymbol{B} \in s$，且 $\forall \boldsymbol{X} \in s$，满足

$$\boldsymbol{X} = (1-\mu)\boldsymbol{A} + \mu\boldsymbol{B} \tag{4.1}$$

其中，$0 \leqslant \mu \leqslant 1$，则称 s 为矩阵空间 $R^{m\times n}$ 上的广义线段，记为 "seg$[\boldsymbol{A}, \boldsymbol{B}]$"，$\boldsymbol{A}$、$\boldsymbol{B}$ 称为广义线段的端点。广义线段 "seg$[\boldsymbol{A}, \boldsymbol{B}]$" 移除 $\boldsymbol{A}$、$\boldsymbol{B}$ 端点的集合记为 "seg$(\boldsymbol{A}, \boldsymbol{B})$"。

定理 4.4 如果矩阵函数 $f: R^{m\times n} \to R^{p\times q}$ 在 seg$[\boldsymbol{A}, \boldsymbol{B}](\boldsymbol{A} \neq \boldsymbol{B})$ 上连续，且 $f(\boldsymbol{A}) = f(\boldsymbol{B})$，则 f 在 seg$[\boldsymbol{A}, \boldsymbol{B}]$ 上能至少取得最大值和最小值之一

```
let MATRIX_CONTINUOUS_IVT_LOCAL_EXTREMUM = prove
 (`!f:real^N^M->real^1^1 a b.
 f matrix_continuous_on matrix_segment[a,b] /\ ~(a = b) /\
```

```
f(a) = f(b) ==> ?z. z IN matrix_segment(a,b) /\
((!w. w IN matrix_segment[a,b] ==>
drop_drop(f w) <= drop_drop(f z)) \/
(!w. w IN matrix_segment[a,b] ==>
drop_drop(f z) <= drop_drop(f w)))`,
HOL Light scripts);;
```

其中，函数 "matrix_segment" 表示矩阵空间的广义线段。函数 "drop_drop" 为函数 "lift_lift" 的逆函数，将一个 1×1 实矩阵转化为实数。

在进行矩阵函数的连续性分析时，也可以引入一致连续的概念，如定义 4.6 所示。

定义 4.6　矩阵函数 $f: R^{m \times n} \to R^{p \times q}$，它在矩阵集合 s 中一致连续当且仅当对于任意小的正实数 $\varepsilon(\varepsilon > 0), \exists \delta > 0$，满足对于 $\forall x, x' \in s, ||x - x'|| < \delta$ 时，$||f(x) - f(x') < \varepsilon||$

```
let matrix_uniformly_continuous_on = new_definition
  `f matrix_uniformly_continuous_on (s:real^N^M->bool) <=>
  !e. &0 < e ==> ?d. &0 < d /\
  !x x'. x IN s /\ x' IN s /\ matrix_dist(x',x) < d
  ==> matrix_dist(f(x'),f(x)) < e`;;
```

一致连续是相比于连续更为苛刻的条件，它也有很多类似于连续的性质，在此不再赘述。

4.1.2　矩阵函数连续性的形式化

(1) 矩阵的多项式及其连续性。

定义 4.7　设 A_k 为 $m \times n$ 矩阵序列，X 为 n 阶方阵，若矩阵函数 $f(X)$ 满足 $f(X) = \sum_{k=0}^{p} A_k X^p = A_0 + A_1 X + \cdots + A_p X^p$，则称 $f(X)$ 为关于 X 的多项式函数

```
let matrix_poly = new_definition
 `!A:num->real^N^M X:real^N^N n.
 matrix_poly A X n = msum (0..n) (\i. A i ** (X matrix_pow i))`;;
```

定理 4.5　任意关于矩阵 X 的多项式函数在 $R^{m \times n}$ 上处处连续

```
let MATRIX_POLY_CONTINUOUS = prove
 (`!A:num->real^N^M X:real^N^N n.
 (\X. matrix_poly A X n) matrix_continous (matrix_at X)`,
```

```
HOL Light scripts);;
```

(2) 行列式函数及其连续性。

定义 4.8　设 $f(A) = \det(A)$，其中 "det" 为 A 的行列式，则称 $f(A)$ 是关于 A 的行列式函数。

定理 4.6　关于 A 的行列式函数在 $R^{n \times n}$ 上处处连续

```
let MATRIX_DET_CONTINUOUS = prove
 `!A:num->real^N^N X:real^N^N n.
 (\A. DET A) matrix_continous (matrix_at X)`,
 HOL Light scripts);;
```

证明定理 4.6 的成立，需要先证明引理 4.1 成立。

引理 4.1　设 A、B 为 n 阶方阵，则有 $|\det A - \det B| \leqslant nn!(||A - B|| + ||B||)^{n-1}||A - B||$ 成立

```
let DET_BOUNDED = prove
 (`!A:real^N^N B. abs(det (A) - det(B)) <=
 &(FACT (dimindex(:N))) * &(dimindex(:N)) *
 ((fnorm (A - B) + fnorm(B)) pow (dimindex(:N)-1)) * fnorm (A - B)`,
 HOL Light scripts);;
```

当 $||A - B|| \to 0$ 时，$nn!(||A - B|| + ||B||)^{n-1}||A - B|| \to 0$，因此 $|\det A - \det B| \to 0$，则行列式函数连续。

(3) 矩阵指数及其连续性。

设矩阵函数 $F = e^{tA}$，其中，t 为实数，A 为 n 阶方阵。F 既可以看成 t 的函数，也可以看成 A 的函数。在工程实际中，$F(t) = e^{tA}$ 因具有更加简洁、规整的微分性而相对比较常用。$F(A) = e^{tA}$ 的 Fréchet 微分表达式复杂并且求解困难，具体细节参见 Mathias[4] 对矩阵指数的研究，近年来使用数值方法[5-7] 来计算矩阵指数的 Fréchet 微分是研究的热点。因此，$F(A) = e^{tA}$ 在本书形式化研究中尚未涉及。$F(t) = e^{tA}$ 的连续性可以被形式化为定理 4.7。

定理 4.7　$F(t) = e^{tA}$ 在 $\mathbb{R}$ 上处处连续

```
let CONTINUOUS_AT_MATRIX_EXP = prove
 (`!z:real^1^1 A:real^N^N.
 (\z. matrix_exp (drop_drop z %% A))
 matrix_continuous (matrix_at z)`,
 HOL Light scripts);;
```

4.2   矩阵函数的 Fréchet 微分

4.2.1   Fréchet 微分定义的形式化

在任意的巴拿赫空间中，函数的全微分通过 Fréchet 微分[8] 来表示，它是实数的全微分在巴拿赫空间中的推广。在 2.5.2 节已经形式化证明，矩阵结构符合构成巴拿赫空间的基本要求，因此可以将巴拿赫空间上定义的 Fréchet 微分[6] 定义到矩阵结构上。

定义 4.9 给出矩阵结构的可微性。

定义 4.9   设映射 $f : U \subset R^{m \times n} \to R^{p \times q}, a \in U$，如果存在线性映射 $\mathrm{d}f(\alpha) = L(R^{m \times n}, R^{p \times q})$ $(L(R^{m \times n}, R^{p \times q})$ 表示所有的线性映射的集合$)$，使 $f(x) = f(\alpha) + \mathrm{d}f(\alpha)(x - \alpha) + \|x - \alpha\| \cdot R(x, \alpha)$ 成立，其中 $\lim\limits_{x \to \alpha} R(x, \alpha) = 0 \in R^{p \times q}$，则称 f 在 α 点可微。

显然，在形式化矩阵 Fréchet 微分之前，需要形式化描述 $f : R^{m \times n} \to R^{p \times q}$ 是线性映射，如定义 4.10 所示。

定义 4.10   设映射 $f : R^{m \times n} \to R^{p \times q}$，若满足

(1) $\forall x, y \in R^{m \times n}, f(x + y) = f(x) + f(y)$；

(2) $\forall x \in R^{m \times n}, \forall c \in R, f(cx) = \alpha f(x)$；

则称 f 是 $R^{m \times n} \to R^{p \times q}$ 的线性映射

```
let mlinear = new_definition
 `mlinear (f:real^M^N->real^P^Q) <=>
 (!x y. f(x + y) = f(x) + f(y)) /\ (!c x. f(c %% x) = c %% f(x))`;;
```

在定义 4.10 的基础上定义双线性函数，进而定义 n 重线性映射。双线性函数如定义 4.11 所示。

定义 4.11   设映射 $f : R^{m \times n} \times R^{p \times q} \to R^{r \times s}$，若满足

(1)$\forall x \in R^{m \times n}, f(x, y)$ 是 $R^{m \times n} \to R^{r \times s}$ 的线性映射；

(2)$\forall y \in R^{p \times q}, f(x, y)$ 是 $R^{p \times q} \to R^{r \times s}$ 的线性映射；

则 f 是 $R^{m \times n} \times R^{p \times q} \to R^{r \times s}$ 的双线性映射

```
let bimlinear = new_definition
  `bimlinear f <=>
  (!x. mlinear(\y. f x y)) /\ (!y. mlinear(\x. f x y))`;;
```

基于定义 4.10 和定义 4.11，矩阵函数的 Fréchet 导数以及与矩阵函数可微性的等价性可形式化为定义 4.12 和定义 4.13。

定义 4.12 矩阵函数的 Fréchet 导数

```
[D1] let has_matrix_derivative = new_definition
 `(f has_matrix_derivative f') net <=>
 mlinear f' /\
 ((\y. inv(fnorm(y - netlimit net)) %%
 (f(y) - (f(netlimit net) + f'(y - netlimit net))))
 --> mat 0) net`;;
[D2] let matrix_derivative = new_definition
 `matrix_derivative f x =
 @f'. (f has_matrix_derivative f') (matrix_at x)`;;
```

其中，[D1] 定义了矩阵函数与其 Fréchet 导数之间的关系。[D1] 和定义 4.9 在形式上存在着细微的差别，这是为了方便描述矩阵函数与其 Fréchet 导数之间的关系而对定义 4.9 做了变形，可以证明这种变形是等价的。[D2] 是采用 ε-操作算子，将满足 [D1] 所描述关系的导函数取出。也可以看出，[D1] 中对于极限的描述仍然是基于 Moore[2] 等提出的拓扑空间通用的极限理论。

定义 4.13 矩阵函数在 (某点处、某集合上) 可微当且仅当矩阵函数在 (该点处、该集合上) 存在导函数

```
let matrix_differentiable = new_definition
 `f matrix_differentiable net <=>?f'.
 (f has_matrix_derivative f') net`;;
```

4.2.2 矩阵函数微分基本性质的形式化

根据定义 4.9，可以证明矩阵函数微分满足如下描述的基本性质。

(1) 导数的唯一性。

在使用 Fréchet 导数时，需要先保证导数的唯一性。先考虑一般情况，根据欧氏空间 Fréchet 导数的唯一性条件，在矩阵空间中做出如下的推广。矩阵空间中的 Fréchet 导数的唯一性条件可以表示为定理 4.8。

定理 4.8 矩阵函数 $f: s \subset R^{m \times n} \to R^{p \times q}$ 在矩阵集合 s 上可微，$\{e_1, e_2, \cdots, e_n\}$ 为矩阵空间 $R^{m \times n}$ 的一组标准正交基。对于集合 s 中的任意一点 x，如果满足对于任取的 $\varepsilon > 0$，所有的基元素 e_n，都存在 $\delta(0 < |\delta| < \varepsilon)$，使得 $x + \delta e_n$ 仍落在集合 s 中，则矩阵函数在点 x 处的 Fréchet 导数唯一

```
let FRECHET_MATRIX_DERIVATIVE_UNIQUE_WITHIN = prove
 (`!f:real^Q^P->real^N^M f' f'' x s.
 (f has_matrix_derivative f') (matrix_at x within s) /\
 (f has_matrix_derivative f'') (matrix_at x within s) /\
```

```
(!i j e. ((1 <= i /\ i <= dimindex(:P)) /\
 (1 <= j /\ j <= dimindex(:Q))) /\
&0 < e  ==>?d. &0 < abs(d) /\ abs(d) < e /\
(x + d %% mbasis i j) IN s) ==> f' = f''`,
HOL Light scripts);;
```

根据定理 4.8，可以证明定理 4.9 成立。

定理 4.9　矩阵函数 $f : R^{m \times n} \to R^{p \times q}$ 在 $R^{m \times n}$ 上处处可微，$R^{m \times n}$ 中的任何点关于 f 的 Fréchet 导数唯一

```
let FRECHET_MATRIX_DERIVATIVE_UNIQUE_AT = prove
 (`!f:real^Q^P->real^N^M f' f'' x.
 (f has_matrix_derivative f') (matrix_at x) /\
 (f has_matrix_derivative f'') (matrix_at x)
 ==> f' = f''`,
HOL Light scripts);;
```

(2) 在定理 4.10 中，[T1] 表示常函数的 Fréchet 导数是常零函数，[T2] 表示线性函数的 Fréchet 导数是其自身。

定理 4.10　常函数的 Fréchet 导数是常零函数，线性函数的 Fréchet 导数是其自身

```
[T1] let HAS_MATRIX_DERIVATIVE_CONST = prove
 (`!c net. ((\x. c) has_matrix_derivative (\h. mat 0)) net`,
 HOL Light scripts);;
[T2] let HAS_MATRIX_DERIVATIVE_LINEAR = prove
 (`!f net. mlinear f ==> (f has_matrix_derivative f) net`,
 HOL Light scripts);;
```

(3) 定理 4.11 表示矩阵函数 $f : R^{m \times n} \to R^{p \times q}$ 在集合 s 上可微，则它一定在 s 上连续。

定理 4.11　矩阵函数 $f : R^{m \times n} \to R^{p \times q}$ 在集合 s 上可微，则它一定在 s 上连续

```
let MATRIX_DIFFERENTIABLE_IMP_CONTINUOUS_WITHIN = prove
 (`!f:real^N^M->real^Q^P s.
 f matrix_differentiable (matrix_at x within s) ==>
 f matrix_continuous (matrix_at x within s)`,
 HOL Light scripts);;
```

(4) 链式法则。

矩阵函数的微分满足定理 4.12 所示的链式法则。

定理 4.12 设矩阵函数 $f : R^{m \times n} \to R^{p \times q}$ 在 $R^{m \times n}$ 处处可微, $g : R^{p \times q} \to R^{r \times s}$ 在 $R^{p \times q}$ 处处可微, 则 $(g \circ f)' = g' \circ f'$

```
let MATRIX_DIFF_CHAIN_AT = prove
 (`!f:real^N^M->real^Q^P g:real^Q^P->real^S^R f' g' x.
 (f has_matrix_derivative f') (matrix_at x) /\
 (g has_matrix_derivative g') (matrix_at (f x))
 ==> ((g o f) has_matrix_derivative (g' o f')) (matrix_at x)`,
HOL Light scripts);;
```

(5) 线性性质。

矩阵函数求导的线性性质如表 4.2 所示。

表 4.2 矩阵函数导函数的线性性质

序号	定理名	数学含义
1	HAS_MATRIX_DERIVATIVE_ADD	$f(\boldsymbol{x})$ 可微 $\wedge$ $g(\boldsymbol{x})$ 可微 $\Rightarrow$ $f(\boldsymbol{x}) + g(\boldsymbol{x})$ 可微
2	HAS_MATRIX_DERIVATIVE_CMUL	$c \neq 0 \Rightarrow ($ $f(\boldsymbol{x})$ 可微 $\Leftrightarrow cf(\boldsymbol{x})$ 可微$)$
3	HAS_MATRIX_DERIVATIVE_LMUL	$f(\boldsymbol{x})$ 可微 $\Rightarrow \boldsymbol{B}f(\boldsymbol{x})$ 可微
4	HAS_MATRIX_DERIVATIVE_RMUL	$f(\boldsymbol{x})$ 可微 $\Rightarrow f(\boldsymbol{x})\boldsymbol{B}$ 可微

(6) 双线性性质。

容易证明, 矩阵的乘法运算是一个双线性函数。因此, 矩阵函数的 Fréchet 导数满足定理 4.13 所示的双线性求导法则。

定理 4.13 设矩阵函数 $f : R^{m \times n} \to R^{p \times q}$ 在集合 s 上点 $\boldsymbol{x}_0$ 上可微, $g : R^{m \times n} \to R^{q \times s}$ 在集合 s 上点 $\boldsymbol{x}_0$ 可微,则有 $[f(\boldsymbol{x})g(\boldsymbol{x})]' = f(\boldsymbol{x}_0)g'(\boldsymbol{x}) + f'(\boldsymbol{x})g(\boldsymbol{x}_0)$ 成立

```
let HAS_MATRIX_DERIVATIVE_MUL_WITHIN = prove
 (`!f:real^N^M->real^Q^P g:real^N^M->real^S^Q f' g' x:real^N^M s.
 (f has_matrix_derivative f') (matrix_at x within s) /\
 (g has_matrix_derivative g') (matrix_at x within s)
 ==> ((\t:real^N^M. (f(t) ** g(t))) has_matrix_derivative
 (\h:real^N^M. f(x) ** g'(h) + f'(h) ** g(x))) (matrix_at x within
  s)`, HOL Light scripts);;
```

(7) 矩阵函数 $f : s \subset R^{m \times n} \to R^{p \times q}$ 在 α 点可微的充要条件是 $p \times q$ 个分量函数 $f_i : s \subset R^{m \times n} \to R^{p \times q}$ 在 α 点可微, $i = 1, 2, \cdots, p \times q$, 如定理 4.14 所示。

定理 4.14　矩阵函数 $f : s \subset R^{m \times n} \to R^{p \times q}$ 在 α 点可微的充要条件

```
let HAS_MATRIX_DERIVATIVE_COMPONENTWISE_WITHIN = prove
 (`!f:real^N^M->real^Q^P f' a s.
 (f has_matrix_derivative f') (matrix_at a within s) <=>
 !i j. (1 <= i /\ i <= dimindex(:P)) /\
 (1 <= j /\ j <= dimindex(:Q))
 ==> ((\x. lift_lift(f(x)$i$j))
 has_matrix_derivative (\x. lift_lift(f'(x)$i$j)))
 (matrix_at a within s)`,
 HOL Light scripts);;
```

(8) 对于矩阵函数，微分中值定理可做如定理 4.15 所示的推广。

定理 4.15　矩阵函数 $f : R \to R^{m \times n}$ 在闭区间 $[a,b]$ 连续，在开区间 (a,b) 上处处可微，则在开区间 (a,b) 上存在一点 x，使得 $\|f(b)-f(a)\| \leqslant \|\mathrm{d}f(x)(b-a)\|$。其中，$\mathrm{d}f(x)$ 是 f 在点 x 的 Fréchet 导数

```
et MATRIX_MVT_GENERAL = prove
 (`!f:real^1^1->real^N^M f' a b.
 drop_drop a < drop_drop b /\
 f matrix_continuous_on matrix_interval[a,b] /\
 (!x. x IN matrix_interval(a,b) ==>
 (f has_matrix_derivative f'(x)) (matrix_at x))
 ==> ?x. x IN matrix_interval(a,b) /\
 fnorm(f(b) - f(a)) <= fnorm(f'(x) (b - a))`,
 HOL Light scripts);;
```

微分中值定理的本质是描述函数区间端点值与其导函数之间的关系。考虑更一般的情况，即矩阵函数为 $f : s \subset R^{m \times n} \to R^{p \times q}$ 时，矩阵函数的 Fréchet 导数与其函数值也存在一定的联系。

4.3　矩阵函数微分与有界线性算子

根据泛函分析理论，矩阵函数的 Fréchet 导数是 $R^{m \times n} \to R^{p \times q}$ 的有界线性算子[3]。有界线性算子可以按照算子范数构成赋范空间。对于有界线性算子空间 $L(R^{m \times n}, R^{p \times q})$ 的任意算子 A，可以定义如式 (4.2) 所示的算子范数。可以证明，$(L(R^{m \times n}, R^{p \times q}), \|A\|_{op})$ 是赋范空间。$L(R^{m \times n}, R^{p \times q})$ 的算子范数可以被形式化为定义 4.14。

$$\|A\|_{op} = \sup\{\|Rv\| : v \in R^{m \times n}, \|v\| = 1\} \tag{4.2}$$

定义 4.14 $L(R^{m\times n}, R^{p\times q})$ 的算子范数的形式化

```
let monorm = new_definition
`monorm (f:real^N^M->real^Q^P) = sup {fnorm(f x) | fnorm(x) = &1}`;;
```

$L(R^{m\times n}, R^{p\times q})$ 中任意的线性算子 $f : R^{m\times n} \to R^{p\times q}$ 与算子范数之间 $\|f\|_{op}$ 满足如下的性质:

(1) f 连续等价于 $\|f\|_{op}$ 有界;

(2) 柯西-施瓦茨不等式: 对于 $\forall x \in s$, $\|f(x)\| \leqslant \|f\|_{op}\|x\|$ 成立。

以上两条性质可以形式化为定理 4.16 和定理 4.17。

定理 4.16   线性算子连续的充要条件为其算子范数有界

```
let BLO_CONTINUOUS_EQ_BOUNDED = prove
 (`!f:real^N^M->real^Q^P.
  mlinear f
  ==> ((f matrix_continuous_on (:real^N^M)) <=>
  (?b. monorm f <= b))`,
  HOL Light scripts);;
```

定理 4.17   柯西-施瓦茨不等式

```
let BLO_CAUCHY_SCHWARZ = prove
 (`!f:real^N^M->real^Q^P x.
  mlinear f
  ==> (!x. fnorm(f x) <= monorm f * fnorm(x)) `,
  HOL Light scripts);;
```

基于以上有界线性算子空间的性质, 矩阵函数的 Fréchet 算子与其函数值存在定理 4.18 所示的联系。

定理 4.18   矩阵函数 $f : R^{m\times n} \to R^{p\times q}$ 在凸集 s 上可微, f 的 Fréchet 导算子的算子范数在凸集 s 上有界且其上确界为 B, 则 f 在凸集 s 上任意两点 x, y 的函数值满足 $\|f(x) - f(y)\| \leqslant B\|x - y\|$

```
let MATRIX_DIFFERENTIABLE_BOUND = prove
 (`!f:real^N^M->real^Q^P f' s B.
  matrix_convex s /\
  (!x. x IN s ==>
  (f has_matrix_derivative f'(x)) (matrix_at x within s)) /\
  (!x. x IN s ==> monorm(f'(x)) <= B) ==>
  !x y. x IN s /\ y IN s ==> fnorm(f(x) - f(y)) <= B * fnorm(x - y)
  HOL Light scripts);;
```

定理 4.18 的证明需要用到定理 4.15～定理 4.16 以及连续和凸集的相关的性质。根据定理 4.18，可以得到推论 4.2。

推论 4.2   矩阵函数 $f : s \subset R^{m \times n} \to R^{p \times q}$ 在凸集 s 上可微且其 Fréchet 导算子为零算子，则 f 为常矩阵函数

```
let HAS_MATRIX_DERIVATIVE_ZERO_CONSTANT = prove
 (`!f:real^N^M->real^Q^P s.
 matrix_convex s /\
 (!x. x IN s ==>
 (f has_matrix_derivative (\h. mat 0)) (matrix_at x within s))
 ==> ?c. !x. x IN s ==> f(x) = c`,
 HOL Light scripts);;
```

值得注意的是，由于矩阵空间的全集 $R^{m \times n}$ 满足凸集的性质，通过构造在 $R^{m \times n}$ 全局可微的函数，可以简化实际问题处理。例如，在形式化证明矩阵指数相关性质时，利用推论 4.2，存在如下的两种方法。

方法 1：$\left(e^A\right)^{-1} = e^{-A}$；

方法 2：$AB = BA \Rightarrow e^A e^B = e^{A+B} = e^B e^A$。

对于方法 1，构造函数 $e^{tA}e^{-tA}$，求微分得 $\dfrac{d}{dt}e^{tA}e^{-tA} = 0$，由 $e^{0A}e^{-0A} = I$，则有 $e^{tA}e^{-tA} = I$ 成立。

对于方法 2，构造函数 $e^{t(A+B)}e^{-tA}e^{-tB}$，求微分得 $\dfrac{d}{dt}e^{t(A+B)}e^{-tA}e^{-tB} = 0$，由 $e^{0(A+B)}e^{-0A}e^{-0B} = I$，则 $e^{t(A+B)}e^{-tA}e^{-tB} = I$ 成立。

基于以上思路，形式化证明 e^{-tA} 在 $R^{m \times n}$ 上可微的条件后，许多矩阵指数的性质在矩阵分析形式化定理库中都有相应的形式化定理，在此不再赘述。

此外，由于矩阵函数在凸集上有许多性质，可以将函数的定义域限定在凸集上，利用矩阵函数的微分性质来解决最优化分析问题。

4.4   本 章 小 结

本章给出了矩阵函数的连续、微分等重要数学分析性质的形式化。涉及矩阵函数连续性的形式化时，本章基于不同的抽象程度，给出了多种关于矩阵函数连续性质的定义。例如，基于矩阵空间上的度量，可以定义在度量空间上矩阵函数的连续性。基于 Moore[2] 等提出 Moore-Smith 序列的拓扑空间极限理论，可以定义矩阵函数基于 Moore-Smith 序列的连续性。基于一般拓扑，可以定义以矩阵为空间元素的拓扑空间的连续映射。在这些连续性定义基础上，本章给出了这些定义的一致性证明。

针对矩阵微分的形式化，基于 Fréchet 等提出的度量空间理论，形式化定义了矩阵空间的 Fréchet 微分，并对 Fréchet 微分的基本性质进行了形式化证明。同时，基于泛函分析理论，形式化定义了矩阵空间的 Fréchet 算子，并对 Fréchet 算子的性质进行了形式化证明。

参 考 文 献

[1] Harrison J. HOL Light: A Tutorial Introduction. Heidelberg: Springer, 1996.

[2] Moore E H, Smith H L. A general theory of limits. American Journal of Mathematics, 1922,44(2): 102-121.

[3] 蒋艳杰, 李忠艳. 现代应用数学基础. 北京: 科学出版社, 2011.

[4] Mathias R. Evaluating the Fréchet derivative of the matrix exponential. Numerische Mathematik, 1992,63(1): 213-226.

[5] Al-Mohy A, Higham N. Computing the Fréchet derivative of the matrix exponential, with an application to condition number estimation. SIAM Journal on Matrix Analysis and Applications, 2009,30(4): 1639-1657.

[6] Relton S D. Algorithms for Matrix Functions and Their Fréchet Derivatives and Condition Numbers. Manchester: The University of Manchester, 2015.

[7] Moler C, van Loan C. Nineteen dubious ways to compute the exponential of a matrix, twenty-five years later. SIAM Review, 2003,45(1): 3-49.

[8] Coleman R. Calculus on Normed Vector Spaces. Heidelberg: Springer, 2012.

第 5 章　矩阵理论的自动定理证明

ITP 技术由于其操作复杂且包含过多额外的证明细节和证明步骤，在一定程度上遭到数学学者的冷遇。为了改善这一现状，进一步优化矩阵理论以及矩阵分析理论的数学形式化工作，减少数学形式化工作量，在本章中，先对矩阵理论的判定性理论进行探索性研究，并基于矩阵理论的判定性理论设计出矩阵基本算术运算和以矩阵为空间元素的赋范空间理论的自动判定算法。在自动判定算法的基础上，在 HOL Light 中编写矩阵理论的自动判定程序。

5.1　引　　言

ITP 技术在过去的几十年中取得了许多重大的进展，然而，在数学研究领域，与诸如 MATLAB、Maple、Mathematic 等相关的数学辅助软件相比，定理证明器在一定程度上遭到数学学者的冷遇，尽管定理证明器已经被证明 (与这些计算机代数系统相比) 在证明数学定理、猜想时具有更好的正确性与完备性。针对这一现状的原因，英国爱登堡大学信息学、数学教授 Bundy 在数学界学者中做了一项调研，并在全球数学与人工智能年会的学术报告中将造成该现状的具体原因总结如下[1]。

(1) 与数学教材、期刊上发表的数学定理证明过程相比，在定理证明器中所编写整理的证明过程包含过多额外的证明细节与证明步骤。这些繁复的细节使得在定理证明中运行的数学形式化证明看起来晦涩难懂。

(2) 在证明数学家真正感兴趣的数学猜想时，定理证明器的 LCF 机制要求每一条定理都必须由定理证明器的公理系统和推理规则严格证明。虽然定理证明器的定理库已经日趋丰富，但是数学定理经过几千年的积累体量庞大，在针对数学学科前沿问题的证明时，定理证明器的定理库仍然远远不够。

(3) 在数学定理证明器中证明定理时往往需要进行很多枯燥的、繁杂的逻辑操作。例如，在定理证明器中，处理数字 “1” 时，往往需要考虑 “1” 应该被解析成整数、自然数或是实数中的某一种数据类型，而数学学者在使用纸笔证明时没有这样的烦恼。另一方面，数学学者在证明时会使用对称、类比的技巧来避免某些证明分支的讨论，而在定理证明器中，任何分支都必须严格推导证明。

(4) 目前的定理证明器相对难用，这一点主要体现在两个方面：一方面，在定理证明器中，数学定理需要被转换为特定的能被定理证明器识别的数据格式，这些数据格式通常包含大量的技术细节 (如各种常量、变量的引入)，且这一翻译过程也可能引入人为的错误；另一方面，在证明某一个定理时，一旦定理证明器的自动证明技术失效，定理证明器需要由专家对机器证明进行交互式引导，因此需要操作人员对机器证明技术有额外的理解。

(5) 就定理的成功证明所能带给数学家成就感和乐趣而言，计算机的全程代劳将使这些乐趣丧失殆尽。针对这一点，英国数学家 Gowers 进一步指出 "人类的创造力与真知灼见可能被机器所取代的观点并不具有吸引力"。事实上，数学家、计算机科学家图灵也证明并不存在一种能自动证明所有数学表达式的正确性的算法。

由于以上障碍的存在，定理证明方法在数学界的全面应用仍存在相当多的挑战。针对以上问题，有以下四种可行的解决方案。

(1) 开发更为友好的定理证明器的人机交互界面。

(2) 不断地丰富机器证明理论库。

(3) 让机器证明过程尽可能地模仿人类的思维过程。

(4) 尽可能多地开发针对特定领域的机器证明算法以减少繁琐的底层逻辑操作。

解决方案 (1) 和 (2) 在定理证明软件 (如 HOL4、HOL Light、Coq 等) 的版本更新迭代中正在予以实现与不断地完善。事实上，本书的第 2~4 章的大部分篇幅都是针对解决方案 (2)，其所涉及的研究工作主要致力于逐步完善矩阵分析理论的基础数学定理证明库。

针对解决方案 (3)，在定理证明研究领域也有大量的研究工作致力于让机器证明过程尽可能地模仿人类的思维过程。解决方案 (3) 的支持者认为，在理想状况下，形式化的证明过程应当尽可能保持与数学家在纸上所写下的证明过程的一致性。这样以类人风格 (human-style) 所编写的形式化证明过程能够方便形式化定理证明的读者更清楚地把握证明的流程。在这种风格的形式化证明过程中，读者能够在任何需要的时候加入任何需要的证明步骤，而软件的终端能够给出该证明步骤的正确性建议。必须要指出的是，这种类人风格的形式化机器证明的实现在形式化证明领域可以称得上是美好而宏远的计划。

目前，实现该计划需要跨越的障碍主要在于，在 HOL4、HOL Light、Isabelle、Coq 等主流的定理证明器中的证明实践表明，在证明传统的数学命题时，该数学命题的所有前提假设 (包括所有显含的和隐含的前提假设) 都需要一一被细化，任何需要分类讨论证明的情形都必须要严格被证明。例如，在进行传统几何问题的证明时，人们只需要在纸上画出相应的草图，然后在草图上画上相应的辅助线，人们往往能找出相应的点线面的对应关系来达到证明的目的。然而，在用形式化的方法证明这些问题时，人们往往需要将点线面以及相应的对应关系形式化为复杂的逻辑表达式，然后再应用相应的公理、定理以及推理规则来实现相应数学问题的形式化证明。

　　这一特点使得定理证明器的实际使用者在证明数学定理时需要进行大量的底层逻辑处理操作。而数学家在纸上分析证明数学定理时，往往可以避开这些琐碎的操作，同时也可以在任何需要的时候大胆引入合理的猜想，然后再小心求证。甚至，这些数学猜想的证明可以放在本次证明之外。而这些人工分析的证明过程在定理证明器中予以实现时，如果不是每一条猜想严格得证，它就会导致本次证明的失败。

　　因此，解决方案 (3) 的支持者在做相应的研究尝试时，往往不满足于原有的定理证明器 (或定理证明助手) 的软件系统框架，而需要在原有的系统上做二次开发，以达到在系统后台自动处理那些琐碎的底层逻辑操作的目的。例如，剑桥大学的 Ganesalingam[2] 等使用类似于 Boyer-Moore 定理证明器[3] 的 "Waterfall" 架构编写了一个自动证明软件，该软件主要用于自动化地证明一些有关于距离空间理论的数学定理，且该软件能自动输出类人风格的证明过程；麻省理工学院的詹博华[4] 基于 Isabelle/HOL 编写了自动定理证明软件 auto2，在定理证明过程中，auto2 采用的是人类指定的启发式 (human-specified heuristics) 搜索策略，其核心的搜索算法模仿人类的分析证明方式，即从命题的初始假设出发推导出新的命题，并将这些新的命题添加到该软件的用户自定义函数来引导定理的搜索，以达到逐步证明命题的目的，该策略能有效提高形式化证明代码的可读性以及有效减小自动搜索证明的失败率。针对解决方案 (3) 所开发的工具还有很多，如基于 Isabelle 开发的 Sledgehammer[5]、Holland-Minkley[6] 等基于 NuPRL 系统开发的可生成自然语言证明过程的定理证明程序等。所有这些基于原有定理证明器开发的自动化软件都极大提高了定理证明器的用户体验，但这些基于定理证明器的嵌入式工具的有效性与应用范围同时也受限于定理证明器本身的证明能力，其原因在于高程度的自动化证明与具有良好可读性的证明框架往往取决于定理证明器对简单逻辑与算术问题的自动推导能力，这样在大规模的自动证明算法中能够更好地隐藏这些机器能后台处理的繁琐细节，以此来凸显证明算法的主要框架以增强证明算法的可读性。

　　因此，解决方案 (3) 的支持者在不断地构思与设计各种大规模自动化、高用户友好性的自动证明程序的同时，也不得不面对缺乏相应的底层算法支持给他们带来的瓶颈，因此全方面的研究与实施解决方案 (4) 势在必行。自机器定理证明这个研究方向诞生以来，针对解决方案 (4) 的研究从未间断。其中，对于逻辑命题的前束 ∀∃ 量词的逻辑语句的 Bernays-Schönfinkel-Ramsey 类 (又称 BSR 类) 的可判定性研究一直以来是定理证明研究的热点。众所周知，一阶逻辑命题公式的 BSR 类具有可判定性，因此在早期的定理证明器中基本都集成了一阶逻辑命题的判定程序。进一步，法国洛林大学的学者 Fontaine[7] 证明多种具有可判定性的 BSR 理论进行特定方式的组合也具有可判定性，并写出了对应的判定程序，该判定程序可以很方便地移植到其他各个不同定理证明器的系统框架中。对于集合理论，Omodeo[8] 等证明集合理论的 BSR 类具有半可判定性，基于这一思想，Harrison 等在 HOL Light 中发布的集合理论定理库中也包含相应的有关集合理论的判定程序。在实向量空间理论的研究中，Solovay[9] 等对有关实向量空间及其对应的内积空间、希尔伯特空间的理论的可判定性做了系统的研究，该研究对后续的 Harrison 等在 HOL Light 中向量空间、度量空间的判定程序的编写具有指导意义。在其他关于 BSR 类的研究中，具有代表性的研究还有 Reynolds[10] 等在 CVC4 SMT solver 中发布的关于分离逻辑的判定程序和 Horbach[11] 等关于线性整数算术的 BSR 类逻辑语句的判定性的研究。基于 Solovay[9] 等关于实向量空间理论判定性的研究工作，本章给出了矩阵理论的一种简单的判定程序，并在 HOL Light 定理证明器中予以实现。

5.2 判定程序基本理论及矩阵结构理论判定性研究

5.2.1 判定程序基本理论

通俗而言，判定程序 (或判定过程) 指的是能够在有限步骤、有限时间内判定某一类逻辑命题真假性的一种算法。人们对判定程序的研究最早可以追溯到 19 世纪初期，在计算机技术兴起之前，逻辑学家在研究判断某一类逻辑命题的真假性时，提出了一种通用性方法——判定方法，如定义 5.1 所示。

定义 5.1 设 K 为某一类逻辑命题表达式的集合，如果存在一种方法 M，对于任意给定的逻辑表达式 p，通过 M 在有限的步骤内能够判定 p 是否为 K 中的元素，则称 M 为 K 的判定方法。寻找 K 的判定方法的问题被称为 K 的判定问题。如果 M 存在，则称 K 可判定，否则称 K 不可判定。

数学家希尔伯特最早强调判定方法的重要性，并将判定问题的研究归结为数学领域中 "元数学"(即数学领域中最基本的问题) 的研究。在研究的判定问题中，最重要的一类判定问题为：在这一类判定问题中，K 为某一数学理论中所有真命题的集合。因此，说某一数学理论的判定方法指的是该理论中所有真命题类的集合的判定方法。

与此同时，判定方法也必须像解决逻辑问题的一张 "医学处方"，也就是说判定方法必须是一个明确的操作过程，具有明确的步骤，任何不具有太多数学智慧的人都可以依照这一张 "医学处方" 对判定方法予以机械重复的实现。正因为这一特点 (计算机很擅长根据指定的程序指令做机械重复的操作)，在机器定理证明领域中，判定方法被广泛地应用，同时判定方法也被实例化为各种各样的判定程序。

在设计和开发某一数学理论的判定程序时，首先需要解决的关键问题是对该数学理论的可判定性做系统的研究。通常而言，针对某一个特定的数学理论，很难找到一种判定方法来判断这一数学理论的所有逻辑命题的真假。然而，在逻辑语句上加上一定的限定范围之后，即以该数学理论所有逻辑命题的某些子类为研究对象时，能够找出这些特定的判定问题的判定方法。其中，某一类特殊的前束范式因其在通常意义下具有良好的可判定性，常被用来求解其判定问题。这种类型的前束范式见定义 5.2。

定义 5.2 某一形如 $\forall x_1, \cdots, x_m. \exists y_1, \cdots, y_n. \psi(x_1, \cdots, x_m; y_1, \cdots, y_n)$ 命题 (一阶逻辑) 的前束范式 p，如果 p 的所有全称量词都没有出现在存在量词中，则称 p 为 $\forall \exists$ 型 (也称 AE 型) 前束范式。

Bernays-Schönfinkel 定理表明没有函数符号的 AE 型前束范式类的集合具有可判定性。事实上，对于这样的 AE 型前束范式类而言，它的斯科伦化之后的结果不含有函数符号 (除了一些空函数，例如常量)，其经过海尔勃朗解析之后的结果所生成的集合是有限的[9]。因此，这类 AE 型前束范式可以通过算法在计算机里自动验证。

5.2.2　矩阵结构理论判定性的初步研究

在设计和开发矩阵理论的判定程序之前，有必要对矩阵的可判定性做出系统的研究。比较遗憾的是，学术界对于矩阵结构判定性理论的研究尚属空白。但考虑到矩阵的数据结构与向量数据结构具有一定的相似性，在向量空间理论判定性研究的基础上，做一定的类比和延伸的研究即可得出一些关于矩阵理论判定性的初步结论。根据这些结论仍可以编写出一些关于矩阵空间理论的判定程序。这些判定程序在实际的形式化证明的过程中，大大降低了涉及矩阵的相关命题的形式化证明的代码量和工作量。本书所涉及的矩阵的判定性理论主要包含两个方面：矩阵基本代数的判定性方法和以矩阵为元素的赋范空间的可判定性。

5.2.2.1　矩阵基本代数的判定性方法

矩阵常用的代数运算有矩阵加法 (+)、矩阵减法 (−)、矩阵标量数乘、矩阵乘法 (包括左乘和右乘，且乘法不具有交换性)、矩阵内积等。这些代数运算都有一个特点，必然可以通过拆解矩阵将这些矩阵的运算分解为有限次的矩阵元素的代数运算。为了便于描述，将具有这一特点的矩阵运算定义为矩阵的基本代数运算。值得注意的是，矩阵的逆运算不是基本代数运算，对于一般的矩阵而言，矩阵的逆不一定存在。方阵的指数运算也不是基本代数运算，它包含无限次的矩阵加法和矩阵乘法运算。

定义 5.3 设 $A_1, A_2, \cdots, A_n$ 为矩阵，$o_1, o_2, \cdots, o_k$ 为矩阵的基本代数运算，某一矩阵的表达式 ψ，$\psi(A_1, \cdots, A_n, o_1, \cdots, o_k)$ 为 $A_1, A_2, \cdots, A_n$ 经过有限次

的 $o_1, o_2, \cdots, o_k$ 运算组合而成，则称 ψ 为矩阵基本代数式。

值得注意的是，由于矩阵在进行基本代数运算时，矩阵的运算对于矩阵行列的维度都有严格的要求，矩阵基本代数式在通过基本代数运算组合生成时必须有意义。当然在实际证明的过程中，如果用户输入无意义的矩阵基本代数式，定理证明器的类型检查系统会即时报错并要求用户修改输入的数据。

在研究矩阵的算术运算时，常涉及如下两类基本问题。

(1) $\forall \boldsymbol{A}_1, \cdots, \boldsymbol{A}_n.\psi_1(\boldsymbol{A}_1, \cdots, \boldsymbol{A}_n, o_1, \cdots, o_k) = \psi_2(\boldsymbol{A}_1, \cdots, \boldsymbol{A}_n, o_1, \cdots, o_k);$

(2) $\forall \boldsymbol{A}_1, \cdots, \boldsymbol{A}_i.\exists \boldsymbol{A}_1, \cdots, \boldsymbol{A}_n.\psi(\boldsymbol{A}_1, \cdots, \boldsymbol{A}_n, o_1, \cdots, o_k) = 0;$

其中，$\boldsymbol{A}_1, \boldsymbol{A}_2, \cdots, \boldsymbol{A}_n$ 为矩阵，$o_1, o_2, \cdots, o_k$ 为矩阵的基本代数运算，ψ, ψ_1, ψ_2 为矩阵基本代数式，0 为零矩阵。这两类问题中，(1) 为常见的矩阵算术等式的验证问题，一般常见的矩阵代数运算性质都具有这种形式；(2) 为验证矩阵方程是否有解的问题。

矩阵基本代数式的基本代数运算经过分解后，最终可以被分解为有限次的实数加法运算 ($+$)、实数减法运算 ($-$)、实数乘法运算 ($\times$)。也就是说，矩阵基本代数式是最终的运算结果为实数多项式或元素为实数多项式的矩阵。基于这一点，问题 (1) 可以规约为多个实数多项式等式的证明问题。这类问题是典型的 P (Polynomial) 问题，即具有多项式算法的判定问题。P 问题已经被证明是可由一个确定型图灵机在多项式时间内解决的问题。事实上，在 HOL4、HOL Light 等主流定理证明器中，均有比较成熟的判定程序 (如 "REAL_ARITH_TAC") 来自动证明这些问题。

针对于问题 (2)，当实数多项式低于 5 阶时，可以通过判别式证明实数多项式方程是否有解，当方程高于 5 阶时，根据伽罗华理论，这类问题无法使用根式求解。这类代数方程的求解将变得异常困难。因此，问题 (2) 的研究并不在本章的讨论范围。

5.2.2.2 以矩阵为元素的赋范空间的判定性研究

根据抽象空间理论，矩阵的赋范空间与向量的赋范空间在基本数学结构上具有一致性。因此，很多向量的赋范空间理论的判定性结论都可以推广到矩阵空间中。Solovay[9] 等系统地给出了实向量范数空间判定性的一些新的研究结果。

(1) 实向量的赋范空间理论全体不可判定。

(2) 实向量的赋范空间理论中只包含全称量词或存在量词的逻辑命题子类具有可判定性。

Solovay 等对实向量的赋范空间的研究成果已经被设计成自动定理证明算法，在 HOL Light 中，对应的自动证明程序为 "NORM_ARITH_TAC"。

对于使用 F-范数诱导出的赋范空间而言，可以将矩阵向量化，即将矩阵的行与列平铺构成新的向量，根据定理 2.8，矩阵的 F-范数与新向量的向量范数具有等价性，也就是说 F-范数诱导出的赋范空间可以等效为 $m \times n$ 维的实向量赋范空间。因此，编写矩阵的赋范空间的判定程序只需要在向量的赋范空间的判定程序的基础上加入矩阵向量化的操作。

5.3　自动证明算法的设计与实现

在 5.2 节介绍的矩阵空间判定性理论基础上，本节给出了矩阵空间的自动证明算法流程以及它在 HOL Light 中的具体实现。

5.3.1　算法的基本流程

5.3.1.1　矩阵基本代数

如图 5.1所示，矩阵基本代数的自动证明算法流程主要包含如下四步。

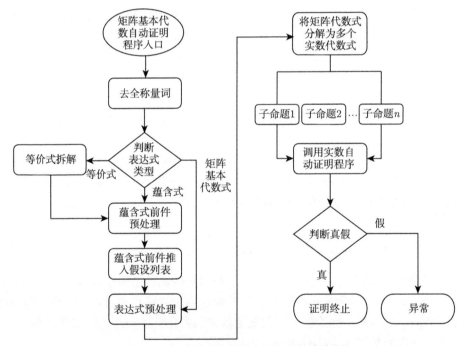

图 5.1　矩阵基本代数的自动证明算法流程

第 1 步，消解待证明的矩阵基本代数式命题的所有全称量词。

第 2 步，判断该命题的结构类型。

(1) 若命题为矩阵基本代数式，则对于该命题表达式进行预处理，预处理操作主要包含写入命题中所涉及的矩阵基本概念 (如单位矩阵、转置矩阵、矩阵标准基等) 和矩阵基本代数运算 (如矩阵加法、乘法、矩阵内积等) 的形式化定义等操作。

(2) 若命题为蕴含式，则先对蕴含式的前件进行预处理，该预处理操作主要包含写入命题中所涉及的矩阵基本概念 (如单位矩阵、转置矩阵、矩阵标准基等) 和矩阵基本代数运算 (如矩阵加法、乘法、矩阵内积等) 的形式化定义，并将前件的矩阵基本代数式按元素分解为多个实数代数表达式，最后将这些实数代数表达式全部推入定理证明器的假设列表的寄存器中。蕴含式的后件则按 (1) 中所述的操作处理。

(3) 若命题为等价式，将等价式分解为两个蕴含式。这两个蕴含式则按 (2) 中所示的操作处理。

第 3 步，将矩阵基本代数式按元素分解为多个实数代数式，通常含有 $m \times n$ 个的矩阵基本代数式能够分解出 $m \times n$ 个实数代数式。若需证明该逻辑命题正确，这 $m \times n$ 个实数代数式都同时满足。也就是说通过这一步操作，原有的矩阵代数式命题被分解成多个关于实数代数式的子目标。

第 4 步，调用实数的代数自动证明程序，自动完成各个子目标的证明。如果不能实现，则调出异常。

5.3.1.2 赋范空间

由于矩阵的赋范空间与向量的赋范空间具有一致性，在已有的向量赋范空间的自动证明算法的基础上，设计矩阵的赋范空间自动证明算法则要简单得多。如图 5.2 所示，矩阵的赋范空间自动证明算法流程包含如下三步。

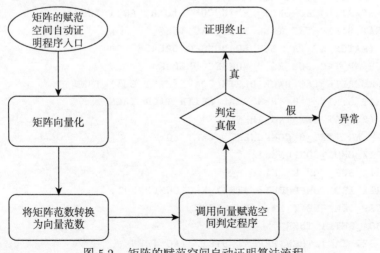

图 5.2 矩阵的赋范空间自动证明算法流程

第 1 步，构造矩阵向量化函数。矩阵向量化函数的主要功能是将矩阵逐行进行头尾相接，函数的输入值为任意矩阵，返回值为输入矩阵经过向量化操作生成的新向量。

第 2 步，利用矩阵向量化函数将待证明问题中所有的矩阵范数转换为向量范数，生成一个只包含向量范数的逻辑命题语句。

第 3 步，调用向量赋范空间的自动证明算法，由机器自动完成第 2 步中只包含向量范数的逻辑命题语句的真假判定。

5.3.2   算法的程序实现

矩阵基本代数的自动判定程序在 HOL Light 中实现如下

```
let MATRIX_ARITH_TAC =
    TRY (REPEAT GEN_TAC THEN
[T1]SIMP_TAC [CART_EQ; LAMBDA_BETA; mip; transp; trace;
[T2]matrix_add;matrix_sub; matrix_mul; matrix_cmul;
[T3]matrix_neg; mat;SUM_1;DIMINDEX_1; SUM_2;
[T4]DIMINDEX_2; SUM_3; DIMINDEX_3;
[T5]SUM_4; DIMINDEX_4; FORALL_1;
[T6]FORALL_2; FORALL_3; FORALL_4; ARITH] THEN
[T7]SIMP_TAC[FINITE_NUMSEG;GSYM SUM_ADD;
[T8]GSYM SUM_SUB;GSYM SUM_LMUL;
[T9]GSYM SUM_RMUL;GSYM SUM_NEG] THEN
    TRY (MATCH_MP_TAC SUM_EQ_NUMSEG ORELSE
    MATCH_MP_TAC SUM_EQ_0_NUMSEG ORELSE
    GEN_REWRITE_TAC ONCE_DEPTH_CONV [CART_EQ]) THEN
    REPEAT STRIP_TAC THEN BETA_TAC THEN
    TRY (MATCH_MP_TAC SUM_EQ_NUMSEG ORELSE
    MATCH_MP_TAC SUM_EQ_0_NUMSEG ORELSE
    GEN_REWRITE_TAC ONCE_DEPTH_CONV [CART_EQ]) THEN
    REPEAT STRIP_TAC THEN REAL_ARITH_TAC) THEN
    TRY (REPEAT GEN_TAC THEN
    SIMP_TAC [MAT_0_COMPONENT; CART_EQ;
    MATRIX_CMUL_COMPONENT;
    MATRIX_SUB_COMPONENT;
    MATRIX_ADD_COMPONENT;MATRIX_NEG_COMPONENT;
    TRANSP_COMPONENT;MAT_COMPONENT;
    LAMBDA_BETA] THEN
    TRY (EQ_TAC) THEN REPEAT STRIP_TAC THEN
    FIRST_X_ASSUM (MP_TAC o SPEC `i:num`)
    THEN ASM_SIMP_TAC[] THEN
```

```
    DISCH_THEN (MP_TAC o SPEC `i':num`) THEN
    TRY (FIRST_X_ASSUM (MP_TAC o SPEC `i':num`)
    THEN ASM_SIMP_TAC[] THEN
    DISCH_THEN (MP_TAC o SPEC `i':num`)) THEN
    ASM_ARITH_TAC);;
let MATRIX_ARITH tm = prove(tm,MATRIX_ARITH_TAC);;
```

其中，[T1]~[T9] 代码为将矩阵基本代数式分解为多个实数代数式的过程。矩阵基本代数的自动判定程序主要利用 HOL Light 中的 "TRY()" 函数实现对算法中各个分支结构的遍历。"TRY()" 函数的功能是尝试进行括号内的操作，如果该操作有效则应用该操作，如果无效则略过该操作。因此，利用 "TRY()" 函数来编写自动判定程序时，只需要考虑自动证明算法中命题的最复杂情形。在图 5.1 所示的算法流程中，命题最复杂的情形是等价式，其次是蕴含式，最后才是矩阵基本代数式的组合。因此，在编写完等价式的判定程序后，在证明其他简单情形时，只需要在多余的操作前标记上 "TRY()"。矩阵判定程序最后调用实数代数自动程序 "ASM_ARITH_TAC"，实现对多个实数代数式命题真假的判定。

矩阵的赋范空间自动判定程序在 HOL Light 中实现如下

```
let MATRIX_NORM_ARITH_TAC =
  SIMP_TAC [matrix_dist; FNORM_EQ_NORM_VECTORIZE] THEN
  SIMP_TAC [VECTORIZE_ADD; VECTORIZE_SUB; VECTORIZE_CMUL;
  VECTORIZE_0; GSYM FORALL_VECTORIZE] THEN NORM_ARITH_TAC;
let MATRIX_NORM_ARITH tm = prove(tm,MATRIX_NORM_ARITH_TAC);;
```

在矩阵的赋范空间自动判定程序中，矩阵向量化的函数可以实现如下

```
let vectorize = new_definition
  `(vectorize:A^N^M->A^(M,N)finite_prod) =
  \x. lambda i. x$(1 + (i - 1) DIV dimindex(:N))
  $(1 + (i - 1) MOD dimindex(:N))`;;
```

矩阵向量化函数构造的难点在于，它涉及系统不同类型之间的转换，且这两种类型之间具有相关性。在 HOL Light 中，各种基本类型之间具有独立性。因此，原有的类型系统无法满足这种描述不同数据类型之间相关性的要求。为了解决这一问题，一种新的抽象类型 $(A^{\wedge}(M,N)\text{finite\_prod})$ 被引入，它是向量类型 $(A^{\wedge}N)$ 的一种子类型，专门用于表示矩阵经过向量化之后所生成的与矩阵维度相对应的向量。

在利用矩阵向量化函数将矩阵范数转换为向量范数的过程中，需要应用第 2 章的定理 2.8("FNORM_EQ_NORM_VECTORIZE")。待所有的矩阵范数转换完毕之后，即可调用向量赋范空间自动判定程序 "NORM_ARITH_TAC" 实现对命题的判定。

5.3.3   判定程序的有效性测试

为了测试判定程序的有效性，本书准备了如表 5.1 所示的典型测试用例。这些测试用例在 HOL Light 中的测试代码可见测试用例 5.1~ 测试用例 5.7。

表 5.1   自动判定程序典型测试用例表

序号	测试用例	判定程序	测试结果
1	$A = B \Leftrightarrow A + C(D + E) = B + CD + CE$	矩阵基本代数	有效
2	$A = B \Rightarrow AC(D + E) = BCD + BCE$	矩阵基本代数	有效
3	$<A+B, C-D> = <A, C> + <B, C> - <A, D> - <B, D>$	矩阵基本代数	有效
4	矩阵乘法的双线性	矩阵基本代数	有效
5	$\|A - B\| = 0 \Leftrightarrow A = B$	矩阵范数空间	有效
6	$\|A - C\| \leqslant \|A - B\| + \|B - C\|$	矩阵范数空间	有效
7	$\|A - C\| \leqslant 0.5e \wedge \|B - C\| \leqslant 0.5e \Rightarrow \|A - B\| \leqslant e$	矩阵范数空间	有效

测试用例 5.1 $A = B \Leftrightarrow A + C(D + E) = B + CD + CE$

```
let test_1  = prove
 (`!A B C D E:real^N^M. A = B <=>
  A + C ** (D + E) = B + C ** D + C ** E`,
  MATRIX_ARITH_TAC);;
```

测试用例 5.2 $A = B \Rightarrow AC(D + E) = BCD + BCE$

```
let test_2  = prove
 (`!A B C D E:real^N^M. A = B =>
  A ** C ** (D + E) = B ** C ** D + B ** C ** E`,
  MATRIX_ARITH_TAC);;
```

测试用例 5.3 $< A + B, C - D > = < A, C > + < B, C > - < A, D > - < B, D >$

```
let test_3  = prove
 (`!A B C D E:real^N^M.
  (A + B) mip (C - D) = A mip B + B mip C - A mip D - B mip D`,
  MATRIX_ARITH_TAC);;
```

测试用例 5.4 矩阵乘法的双线性

```
let bimlinear = new_definition
 `bimlinear f <=> (!x. mlinear(\y. f x y)) /\
 (!y. mlinear(\x. f x y))`;;
let test_4 = prove
 (` bimlinear ( matrix_mul )`,
 SIMP_TAC [bimlinear; mlinear] THEN REPEAT STRIP_TAC THEN
 MATRIX_ARITH_TAC);;
```

测试用例 5.5 $\|A - B\| = 0 \Leftrightarrow A = B$

```
let test_5 = prove
 (`!A:real^N^M B. (matrix_dist(A,B) = &0) <=> (A = B)`,
 MATRIX_ARITH_TAC );;
```

测试用例 5.6 $\|A - C\| \leqslant \|A - B\| + \|B - C\|$

```
let test_6 = prove
 (`! A:real^N^M B C. matrix_dist(A,C) <= matrix_dist(A,B) +
 matrix_dist(B,C) `,
 MATRIX_NORM_ARITH_TAC );;
```

测试用例 5.7 $\|A - C\| \leqslant 0.5e \wedge \|B - C\| \leqslant 0.5e \Rightarrow \|A - B\| \leqslant e$

```
let test_7 = prove
 (`!A:real^N^M B C. matrix_dist(A,C) < e/&2 /\
 matrix_dist(B,C) < e/&2 ==> matrix_dist(A,B) < e`,
 MATRIX_NORM_ARITH_TAC);;
```

将以上测试代码运行在 HOL Light 中，所有测试用例均能成功实现自动证明，充分说明了本章所述两种自动判定程序在应对多种矩阵算术相关的证明问题时的有效性。事实上，在矩阵分析理论的形式化定理库的开发过程中，自动判定程序被大量应用，大大降低了数学形式化的工作量，同时自动判定程序的有效性也在不断的证明实践中得到验证，其算法本身也不断地得到优化。

5.4 本章小结

本章对矩阵理论的交互式定理证明技术进行了初步探讨，主要包含矩阵理论的判定性理论的研究、基于判定性理论的判定算法的设计、矩阵自动判定程序的开发等。定理证明自动化的研究对于 ITP 技术的发展有着重要的意义，本章所涉及矩阵理论的自动证明程序旨在用机器的简单重复工作替代自然人的简单推理证明，增加矩阵分析理论的易用性，在一定程度上促进了矩阵理论的定理证明自动化。然而，由于判定理论本身的局限性，很多数学理论本身不具备判定性，因而它在一定程度上限制了自动判定程序的应用范围。因此，自动化定理的证明仍然需要理论的研究和更具备智能化的新定理证明工具的支持，在未来仍然具有很大的发展潜力。

参 考 文 献

[1] Bundy A. Automated theorem provers: a practical tool for the working mathematician?. Annals of Mathematics and Artificial Intelligence, 2011,61(1): 3-14.

[2] Ganesalingam M, Gowers W T. A fully automatic theorem prover with human-style output. Journal of Automated Reasoning, 2017,58(2): 253-291.

[3] Boyer R S, Kaufmann M, Moore J S. The Boyer-Moore theorem prover and its interactive enhancement. Computers and Mathematics with Applications, 1995,29(2): 27-62.

[4] Zhan B H. AUTO2, a saturation-based heuristic prover for higher-order logic//International Conference on Interactive Theorem Proving, Nancy, 2016.

[5] Blanchette J C, Kaliszyk C, Paulson L C, et al. Hammering towards QED. Journal of Formalized Reasoning, 2016,9(1): 101-148.

[6] Holland-Minkley A, Barzilay R, Constable R. Verbalization of high-level formal proofs//Proceedings of 60th National Conference on Artificial Intelligence, Florida, 1999.

[7] Fontaine P. Combinations of theories and the Bernays-Schönfinkel-Ramsey class//Proceedings of 4th International Verification Workshop in Connection with CADE-21, Bremen, 2007.

[8] Omodeo E, Policriti A. The Bernays-Schönfinkel-Ramsey class for set theory: semidecidability. The Journal of Symbolic Logic, 2010,75(2): 459-480.

[9] Solovay R M, Arthan R D, Harrison J. Some new results on decidability for elementary algebra and geometry. Annals of Pure and Applied Logic, 2012,163(12): 1765-1802.

[10] Reynolds A, Iosif R, Serban C. Reasoning in the Bernays-Schönfinkel-Ramsey Fragment of Separation Logic. Cham: Springer, 2017.

[11] Horbach M, Voigt M, Weidenbach C. On the combination of the Bernays-Schönfinkel-Ramsey fragment with simple linear integer arithmetic//The 26th International Conference on Automated Deduction (CADE), Gothenburg, 2017.

第 6 章 应 用 示 例

矩阵分析理论的应用涉及现代高精尖科学领域的各个方面。目前，对其数学模型的分析和验证的方式仍然是传统的模拟和仿真验证方式，为了进一步提高验证的精度，也为了进一步验证矩阵分析理论的数学形式化框架的正确性，以及验证复杂科学问题的有效性，在矩阵分析理论的数学形式化的基础上，本章将对一种面向 Massive MIMO 的矩阵求逆算法以及机器人机构运动学中的李群李代数模型进行形式化分析与验证。

6.1 一种面向 Massive MIMO 的矩阵求逆算法形式化分析

6.1.1 引言

中国的无线通信进入了 4G 商用时代以来，MIMO-OFDM 技术作为 LTE/LTE-Advanced 中的关键技术，显著提高了无线通信系统的数据传输效率和无线信号传输的空间自由度。但是，由于多天线系统实现复杂度的限制，现行的 LTE-A 系统最多配置了 8 根天线[1]。针对这一技术瓶颈，贝尔实验室的 Marzetta 研究了 TDD 系统的收发端配置无限数量天线的 MIMO 技术，首次提出了 Massive MIMO 的技术理念。Massive MIMO 技术的核心是在 4G 通信基础上，深度挖掘和利用空间维度资源，将无线通信系统频谱效率和功率提升一个量级以上[2]。该技术一经提出，立即引起了学术界和工业界的兴趣，得到众多研究者的追随，取得了不错的成果。经过多年的实验室研究，Massive MIMO 也成为了当前逐步实现商用的 5G 通信系统的关键技术。

图 6.1 展示了一个典型 Massive MIMO 系统的无线通信环境。通信基站内部的 Massive MIMO 系统中都配置几十甚至上百根天线，这些基站天线在同一时频资源上同时服务分布在覆盖范围内的多个用户，利用多天线提供空间自由度，提升用户之间的频谱复用能力、链路的频谱效率以及小区间抗干扰能力，替代了传统 MIMO 通过减小小区半径来提高信道容量的方法，从而在不增加基站密度和带宽的条件下大幅度提升每个用户与基站之间的功率效率[2]。

虽然 Massive MIMO 技术能给通信系统在性能上带来极大的提升，但它显然是以增加系统的计算复杂度为代价的，特别是数据预编码和数据检测，成为了 Massive MIMO 系统非常棘手的问题。随着天线与用户数的提升，对通信节点的数据的预编码往往需要处理高维度矩阵。常用的数据预编码技术有脏纸编码 (Dirty Paper Coding, DPC) 和线性预编码等。脏纸编码曾在 4G 时代被认为是一种理想的预编码方案,复杂度很高。但随着天线数目的增加,复杂度较低的线性预编码技术逐步体现出优势,但它需要求出高维度矩阵的伪逆。因而迫零 (Zero Forcing, ZF) 的线性预编码技术被认为是 Massive MIMO 系统中预编码和数据检测潜在的有效方法,但该技术的难点主要集中在矩阵的求逆问题。在瑞典隆德大学电子信息技术的学者 Prabhu[3] 等提出将 Neumann 级数应用到对这些高维度矩阵的近似求逆之前,研究人员所用的矩阵求逆方法复杂度高,且有非常大的处理延时。面向 Massive MIMO 的基于 Neumann 级数的近似求逆方法在经过后续学者的多次优化之后,已逐步适用于 Massive MIMO 系统且在硬件实现上有很大优势。

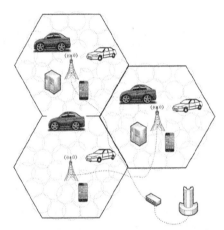

图 6.1   典型 Massive MIMO 系统无线通信环境

然而,随着研究的深入,基于 Neumann 级数的近似求逆方法也存在一些潜在的问题。第一,对于一个有限的收发天线比率 $\beta = M/K$,其中 M 为发送端天线数,K 为接收端天线数,Neumann 级数可能不收敛。第二,Neumann 级数在什么条件下的近似矩阵求逆可达到好的收敛性能。也就是说,即便 Neumann 级数能达到收敛的条件,但如果 Neumann 级数的近似求逆算法经过迭代能得出符合精度要求的近似逆时所需的迭代次数过多,则可能会导致其复杂度超过直接求逆,最终反而使得系统的延时进一步增大。因此,在应用基于 Neumann 级数的近似求逆方法时,有必要对这两个方面进行严格的验证。

在 5G 通信系统逐步商用的时代,随着人们对于智能通信技术的依赖度越来越高,人们对于通信系统的可靠性要求越来越高。目前,对于 Massive MIMO 技术的分析和验证的方式仍然是传统的模拟和仿真验证方式,这些验证方式存在测试用例不完备的问题，因此无法从根本上保证验证的完备性。为了进一步提高验证的可靠性，本节对文献 [4] 提出的一种面向 Massive MIMO 的 Neumann 级数的近似求逆算法进行了形式化分析。该原始算法后来经过 Prabhu[3] 和 Zhu[5] 等改进，在进一步增加算法的复杂程度之后，获得了更好的收敛性能的改进算法相继提出，但原始算法模型的可靠性仍然是新型改进算法需要考虑的问题。

6.1.2 系统模型的形式化

6.1.2.1 系统模型

如图 6.2 所示，考虑一个多用户的 Massive MIMO 系统，系统的基站端装配有 M 根天线，在某一时频资源同时服务 K 个单天线用户。系统的信道矩阵可以表示为一个 $K \times M$ 的矩阵

$$\boldsymbol{H} = [h_{km}]_{K \times M} = \begin{bmatrix} h_{11} & h_{12} & \cdots & h_{1m} \\ h_{21} & h_{22} & \cdots & h_{2m} \\ \vdots & \vdots & & \vdots \\ h_{k1} & h_{k2} & \cdots & h_{km} \end{bmatrix} \tag{6.1}$$

其中，h_{km} 表示第 m 个发送天线与第 k 个接收天线之间的信道系数，$m = 1, 2, \cdots, M, k = 1, 2, \cdots, K$。

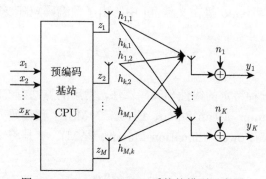

图 6.2　Massive MIMO 系统的模型示意图

根据图 6.2 的信号传输流程，K 个用户的原始信号 $\boldsymbol{x} = (x_1, x_2, \cdots, x_k)$ 经过基站转换为如下的基站接收矢量

$$\boldsymbol{y} = \sqrt{\rho}\boldsymbol{H}\boldsymbol{z} + \boldsymbol{n} \tag{6.2}$$

其中，标量 ρ 为通信节点的信噪比 (Signal-to-Noise Ratio，SNR)，向量 $\boldsymbol{n}$ 是系统的附加噪声，含有独立同分布且零均值复的高斯值的 K 维矢量。M 维矢量 $\boldsymbol{z}$ 为原始信号经过基站预编码元件后输出的传输矢量，它可以表示为

$$z = \boldsymbol{F} \boldsymbol{x} \tag{6.3}$$

其中，$\boldsymbol{F}$ 为 $M \times K$ 的预编码矩阵。

6.1.2.2 系统模型的形式化

式 (6.1) 即为 Massive MIMO 系统信号的传输模型，其形式化模型如定义 6.1所示。

定义 6.1　Massive MIMO 系统信号传输模型

```
let Massive_MIMO = new_definition
  `Massive_MIMO x F H n c = sqrt (c) %% (H ** (F ** x)) + n`;;
```

其中，参数 x 表示原始的输入信号，参数 F 表示式 (6.3) 中预编码矩阵，参数 H 表示系统的信道矩阵，参数 n 表示式 (6.1) 中的附加噪声，标量 c 表示信噪比。通过 "Massive_MIMO" 函数可以获得系统的接收矢量。

6.1.3 算法模型的形式化

6.1.3.1 求逆算法的原理

Massive MIMO 技术的难点之一是对预编码矩阵 $\boldsymbol{F}$ 进行求解，瑞典隆德大学电子信息技术的学者 Gao 等在文献 [6] 中给出了预编码矩阵 $\boldsymbol{F}$ 的求解方法如下

$$\boldsymbol{F} = \frac{1}{\sqrt{\gamma}} W \sqrt{\boldsymbol{P}} \tag{6.4}$$

其中，W 代表某一种特定的线性预编码算法，常用的算法有 ZF 预编码方案和最小均方误差 (Minimum Mean Square Error，MMSE) 预编码方案。$\boldsymbol{P}$ 是编码元件的能量分布矩阵 (Power Allocation Matrix，PAM)，γ 是将 $\boldsymbol{z}$ 单位化的标量系数，满足

$$\gamma = \mathrm{Tr}(\boldsymbol{P} W^{\mathrm{H}} W) \tag{6.5}$$

对于 ZF 预编码方案[3]，式 (6.4) 中 W 为

$$W_{\mathrm{ZF}} = \boldsymbol{H}^{\mathrm{H}} (\boldsymbol{H} \boldsymbol{H}^{\mathrm{H}})^{-1} \tag{6.6}$$

对于 MMSE 预编码方案[7]，式 (6.4) 中 W 为

$$W_{\mathrm{MMSE}} = \boldsymbol{H}^{\mathrm{H}}(\boldsymbol{H}\boldsymbol{H}^{\mathrm{H}} + \alpha\boldsymbol{I})^{-1} \tag{6.7}$$

其中，$\alpha = K/\rho$。

由式 (6.6) 和式 (6.7) 可以看出，在 Massive MIMO 模型中，无论是 ZF 方案还是 MMSE 方案，在基站处理信号的过程中都存在着 $K \times K$ 矩阵的求逆。高维度方阵的求逆不仅涉及大量的乘法运算，而且还需要复杂的开方运算，需要消耗巨大的计算资源，也是造成整个系统不稳定的核心点，求逆算法的可靠性也是验证的核心点。许多传统的矩阵求逆方法如 LU 分解、Cholesky 分解[8]、QR 分解[9] 复杂度非常高，而且有非常大的处理延迟。

考虑当 $M >> K$ 时，$\boldsymbol{H}\boldsymbol{H}^{\mathrm{H}}$ 是对角占优矩阵[4]。对于对角占优矩阵，使用 Neumann 级数进行近似求逆时，级数收敛较快，能在很少的迭代次数达到较高的精度。当式 (6.7) 中的 α 值不大时，ZF 方案与 MMSE 方案在矩阵求逆方面复杂度相当，文献 [4] 中提出了面向 ZF 预编码方案的 Neumann 级数近似求逆方法。

令 $\boldsymbol{Z} = \boldsymbol{H}\boldsymbol{H}^{\mathrm{H}}$，式 (6.6) 化简为

$$W_{\mathrm{ZF}} = \boldsymbol{H}^{\mathrm{H}}(\boldsymbol{H}\boldsymbol{H}^{\mathrm{H}})^{-1} = \boldsymbol{H}^{\mathrm{H}}\boldsymbol{Z}^{-1} \tag{6.8}$$

再令 $\beta = M/K$，随着 β 值增大，有

$$\left(I - \frac{1}{M+K}\boldsymbol{Z}\right)^n \to 0 \tag{6.9}$$

当式 (6.9) 式满足时，矩阵 $\boldsymbol{Z}$ 的逆通过 Neumann 级数表示为

$$\boldsymbol{Z}^{-1} = \sum_{n=0}^{\infty}\left(I - \frac{1}{M+K}\boldsymbol{Z}\right)^n \tag{6.10}$$

6.1.3.2 求逆算法的形式化

式 (6.9) 和式 (6.10) 作为验证求逆算法的关键数学模型，形式化推导步骤如下。

第 1 步，式 (6.9) 是一个矩阵序列收敛的数学描述，它的数学形式化可以参考 3.1.1 节有关矩阵序列的数学形式化。值得注意的是，这里的矩阵序列是一个复矩阵序列，需要对矩阵序列的基础数据类型进行拓展。基于文献 [10] 中关于复数的形式化，复矩阵序列数据类型为 num → complex^N^N。在该数据结构基础上，式 (6.9) 所包含的矩阵序列 (见 HOL Light 自定义函数 "zf_pre_coding_sequence") 以及式 (6.9) 本身可以形式化描述为定理 6.1。

定理 6.1 *复矩阵序列数及其收敛性*

```
let zf_pre_coding_sequence = new_definition
 `zf_pre_coding_sequence n Z m k =
 (mat 1 - (&1 / (m + k)) %% Z) matrix_pow n`;;
⊢((n. zf_pre_coding_sequence n Z m k) ---> mat 0) sequentially;;
```

第 2 步，式 (6.10) 的右边是一个关于复矩阵的 Neumann 级数，根据 3.1.3 节所涉及的实矩阵的 Neumann 级数的形式化，将实数域扩充到复数，式 (6.10) 中的 Neumann 级数 (见 HOL Light 自定义函数 "zf_pre_coding_neumann") 及式 (6.9) 本身可以形式化描述为定理 6.2。

定理 6.2 *实矩阵的 Neumann 级数及矩阵 Z 的逆的 Neumann 级数表示*

```
⊢ `!Z:complex^N^N. zf_pre_coding_neumann Z =
  infmsum (from 0) ((mat 1 - (&1 / (m + k)) %% Z)
  matrix_pow n))`;;
⊢ !m k Z:complex^N^N. ((\n. zf_pre_coding_sequence n Z m k) --->
  mat 0) sequentially ==>
  (matrix_inv Z = zf_pre_coding_neumann Z);;
```

以上求逆算法，当 β 的取值范围为 $5 \sim 10$ 时，式 (6.10) 的 Neumman 级数收敛很快。但对于其他有限的 M 和 K，系统某些信道的特征值可能落在使得式 (6.9) 收敛的取值范围之外。因此，Marzetta 等在式 (6.10) 的基础上引入一个衰减因子 $\delta(\delta < 1)$，给出了一种改进后的带衰减因子的 Neumann 级数的近似求逆方法，如下

$$Z^{-1} \approx \frac{\delta}{M + K} \sum_{n=0}^{L} \left(I - \frac{\delta}{M + K} Z \right)^n \tag{6.11}$$

其中，L 为近似求逆的迭代次数。

式 (6.11) 中的衰减因子的 Neumann 级数可以形式化表示为定理 6.3。

定理 6.3 *衰减因子的 Neumann 级数*

```
let zf_pre_coding_neumann_with_coefficent = new_definition
 `!Z:complex^N^N d L.
 zf_pre_coding_neumann_with_coefficent Z d L =
 (d / (m + k)) %% (msum (0..L)
 ((mat 1 - (d / (m + k)) %% Z) matrix_pow n)))`;;
```

正如 6.1.1 节所描述的那样，对于基于 Neumann 级数的近似求逆算法而言，其验证的核心点在于以下两点：① β 的取值在什么范围内级数收敛？② 如果收

敛，级数的收敛性能如何？在 6.1.4 节中，将对算法的收敛性进行形式化分析。

6.1.4 级数收敛性的形式化分析

Marzetta 等给出了式 (6.9) 和式 (6.10) 中的矩阵序列和 Neumann 级数的收敛性的分析。考虑矩阵 $\boldsymbol{H}$ 中的元素服从复高斯分布 $\mathcal{CN}(0,1)$，随着 K 和 M 不断增大，$\boldsymbol{Z}$ 的特征值收敛于 Marchenko-Pastur 分布。因而，$\boldsymbol{Z}$ 的最大特征值和最小特征值收敛值如下

$$\lambda_{\max}(\boldsymbol{Z}) \to \left(1 + \frac{1}{\sqrt{\beta}}\right)^2, \ \lambda_{\min}(\boldsymbol{Z}) \to \left(1 - \frac{1}{\sqrt{\beta}}\right)^2 \tag{6.12}$$

根据特征值的基本性质，$\dfrac{1}{(M+K)}\boldsymbol{Z}$ 的最大特征值和最小特征值收敛如下

$$\lambda_{\max}\left(\frac{1}{M+K}\boldsymbol{Z}\right) \to 1 + \frac{2\sqrt{\beta}}{1+\beta}, \ \lambda_{\min}\left(\frac{1}{M+K}\boldsymbol{Z}\right) \to 1 - \frac{2\sqrt{\beta}}{1+\beta} \tag{6.13}$$

因此，$I - \dfrac{1}{M+K}\boldsymbol{Z}$ 特征值位于如下的区间

$$\lambda_{\max}(\boldsymbol{Z}) \to \left(\frac{2\sqrt{\beta}}{1+\beta}\right)^2, \ \lambda_{\min}(\boldsymbol{Z}) \to \left(-\frac{2\sqrt{\beta}}{1+\beta}\right)^2 \tag{6.14}$$

由式 (6.14) 可知，当 $\beta > 1$ 时，$I - \dfrac{1}{M+K}\boldsymbol{Z}$ 的谱半径小于 1，则式 (6.9) 成立，式 (6.10) 的 Neumann 级数收敛。

为了实现以上流程的形式化分析，形式化复矩阵的特征值成为了首先要解决的难题。为了解决这个问题，先形式化引理 6.1。

引理 6.1 复矩阵的特征值为 0 的等价条件

```
⊢ !A:complex^N^N c.
  (?v. ~(v = vec 0) /\ A ** v = c % v) <=>
  det(c %% mat 1 - A) = &0;;
```

因而，复矩阵的特征值可以形式化描述为定义 6.2。

定义 6.2 复矩阵的特征值

```
let eigenvalues = new_definition
  `eigenvalues  (A: complex^N^N) =
  {c:complex | det(c %% mat 1 - A) = &0};;
```

其中，函数 "eigenvalues" 的返回值为所有特征值的全集。

根据特征值的形式化定义，矩阵的谱半径可以形式化为定义 6.3。

定义 6.3　矩阵的谱半径

```
let eigenvalues_radius = new_definition
  `eigenvalues_radius (A:complex^N^N) =
  sup {norm (c:complex) | det(c %% mat 1 - A) = &0}`;;
```

根据矩阵分析理论，一个复矩阵为收敛矩阵的充要条件是其谱半径小于 1，可以形式化为定理 6.4。

定理 6.4　复矩阵为收敛矩阵的充要条件

```
⊢ !A:complex^N^N. (\n. A matrix_pow n --> mat 0) sequentially <=>
  eigenvalues_radius (A:complex^N^N) < &1;;
```

因此，根据式 (6.12) ~ 式 (6.14)，Marzetta 等提出的面向 Massive MIMO 的矩阵求逆算法中所涉及的 Neumann 级数的收敛性可以形式化为定理 6.5。

定理 6.5　Massive MIMO 的矩阵求逆算法及其 Neumann 级数的收敛性

```
⊢!m k Z:complex^N^N.
 eigenvalues_radius ((mat 1 - (&1 / (m + k)) %% Z) <=
 abs (&2 * sqrt (m / k) / (&1 + (m / k)));;
⊢!m k Z:complex^N^N. k < m /\
 eigenvalues_radius ((mat 1 - (&1 / (m + k)) %% Z) <=
 abs (&2 * sqrt (m / k) / (&1 + (m / k))) ==>
 (matrix_inv Z = zf_pre_coding_neumann Z);;
```

根据谱半径理论，形式化证明以上命题的关键点是验证如下的实数不等式

$$\left|\pm\frac{2\sqrt{\beta}}{1+\beta}\right| < 1,\ \beta > 1 \tag{6.15}$$

式 (6.15) 可以形式化描述为定理 6.6。

定理 6.6　$\left|\pm\dfrac{2\sqrt{\beta}}{1+\beta}\right| < 1,\ \beta > 1$

```
⊢!b:real. &1 < b ==>
 abs (&2 * sqrt (b) / (&1 + b )) < &1 ;;
```

以上不等式可以使用于 HOL Light 中，实数的自动证明算法完成证明。

综上所述，经过形式化分析与验证，Massive MIMO 系统的基站天线数 M 和单天线用户数 K 的比值 $\beta > 1$ 时，Neumann 级数即可收敛。在不考虑误差和收敛速度的基础上，Marzetta 等指出 Neumann 级数的近似求逆算法具有可行性。

另一方面，Marzetta 等提出的近似求逆算法对参数 β 要求比较宽松，为了获得更好的收敛性能，可以适当提高参数 β 的数值来对算法进行改进，使算法具有良好的可拓展性能。

然而，必须要指出的是，此处给出的 β 值是模型的理论值的验证，β 值在 1 附近的收敛速度很慢，在工程实践中，由于各信道信号采集误差的存在，由误差导致的轻微扰动可能造成某个信道的特征值跳到式 (6.14) 所示的特征值范围以外，因而使得 Neumann 级数发散。为了解决这一问题，在上述原始算法的基础上，Prabhu[3] 和 Zhu[5] 等相继提出了改进算法。

6.2 机器人机构运动学中的李群李代数模型的形式化验证

本节根据前几章所讨论的矩阵分析理论的数学形式化定理证明库，对机器人机构运动学的李群李代数模型进行形式化验证。李群李代数理论作为矩阵理论的重要延伸，不仅能统一描述机器人机构某一时刻的位置、速度、姿态等运动学特征，也能几何直观地描述机器人机构完整的动态过程。本节在矩阵分析理论的数学形式化的基本框架下，以形式化的方式对机器人运动学的李群李代数表示及推导过程进行了验证，进一步确认了李群李代数理论用于机器人机构运动学的数学建模的可靠性，也进一步确认了本书所涉及的矩阵分析定理证明库在验证复杂实际问题的实用性。

6.2.1 引言

李群作为具有群结构的微分流形，可以从以下三个视角对其进行理解。

(1) 如图 6.3 所示，从拓扑的视角，李群是一个光滑流形，在其幺元 ε 处张成的切空间就是它的李代数。李群与李代数之间存在着指数映射与对数映射。

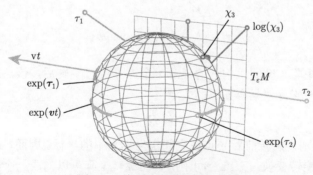

图 6.3 李群李代数关系示意图

(2) 从代数的视角，李群具有群的基本代数结构，能够进行群的基本运算。

(3) 从几何的视角，李群能够几何直观地描述研究对象或参考坐标系的位置、速度、位姿等信息的动态变化。例如，空间的固有坐标系可以通过李群的幺元表示，而流形上的其他点可以用来描述运动物体上的某一个本地坐标系。因此李群李代数理论常用于对机器人机构的运动学和动力学的数学建模。

6.2.2 机构运动学中常用李群李代数的形式化

机器人机构常包含旋转、平移、旋转平移的组合运动等运动类型。对应于不同的运动类型，可以构造不同的李群。机构运动学中常用的李群有特殊正交群和特殊欧氏群。基于矩阵理论的形式化表示框架，本小节给出了特殊正交群和特殊欧氏群的形式化表示及其相关推导的形式化证明。

6.2.2.1 特殊旋转群及其形式化验证

文献 [11] 给出了特殊旋转群的定义。如图 6.4 所示的空间机构绕点的旋转示意图中，实线坐标系为空间的定坐标系，虚线坐标系为空间机构的本地坐标系，本地坐标系随着空间机构一起运动。定义如下的 3×3 矩阵

$$\boldsymbol{R}_{ab} = [\boldsymbol{x}_{ab} \quad \boldsymbol{y}_{ab} \quad \boldsymbol{z}_{ab}] \tag{6.16}$$

其中，$\boldsymbol{R}_{ab}$ 为旋转矩阵，它是一个行列式为 1 的正交矩阵。

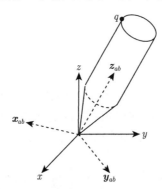

图 6.4　空间机构绕点的旋转

通过旋转矩阵，空间机构上的任意一个点 q 经过旋转后，该点旋转前后在空间定坐标系中的坐标值具有如下的关系

$$\boldsymbol{q}' = \boldsymbol{R}_{ab}\boldsymbol{q} \tag{6.17}$$

其中，$\boldsymbol{q}$、$\boldsymbol{q}'$ 分别为旋转前后 q 点在空间定坐标系中的坐标。因而，式 (6.17) 能描述空间机构的旋转变换。三维空间中所有的旋转矩阵可以构成一个群，该群被称为特殊正交群 (Special Orthogonal Group) SO(3), 也称为旋转群，它可以表示为

$$\text{SO}(3) = \{\boldsymbol{R} \in \mathbb{R}^{3 \times 3} | \boldsymbol{R}\boldsymbol{R}^{\text{T}} = \boldsymbol{I}, \det(\text{R}) = 1\} \tag{6.18}$$

基于式 (6.18)，如图 6.3 所示，空间机构的某个旋转运动的动态过程可以描述为旋转群流形上的一条路径。

为了形式化旋转群，首先需要形式化群的基本结构。由于群作为一种的特殊的集合，根据 HOL 系统的类型理论，这种在某个一般的数学概念上附加额外条件的数学概念都可以描述成 SBT。在集合的 TBT($A \to$ bool) 基础上附加某种群的二元运算，可以构建群如下的 SBT 类型。

```
let group_tybij =
let eth = prove
  (`?s (z:A) n a.
  z IN s /\ (!x. x IN s ==> n x IN s) /\
  (!x y. x IN s /\ y IN s ==> a x y IN s) /\
  (!x y z. x IN s /\ y IN s /\ z IN s
  ==> a x (a y z) = a (a x y) z) /\
  (!x. x IN s ==> a z x = x /\ a x z = x) /\
  (!x. x IN s ==> a (n x) x = z /\ a x (n x) = z)`,
  MAP_EVERY EXISTS_TAC
  [`{ARB:A}`; `ARB:A`; `(\x. ARB):A->A`; `(\x y. ARB):A->A->A`]
 THEN  REWRITE_TAC[IN_SING] THEN MESON_TAC[]) in
  new_type_definition "group" ("group","group_operations")
  (GEN_REWRITE_RULE DEPTH_CONV [EXISTS_UNPAIR_THM] eth);;
let group_carrier = new_definition
`(group_carrier:(A)group->A->bool) = \g.FST(group_operations g)`;;
let group_id = new_definition
`(group_id:(A)group->A) = \g.FST(SND(group_operations g))`;;
let group_inv = new_definition
`(group_inv:(A)group->A->A) = \g.FST(SND(SND(group_operations g)))`;;
let group_mul = new_definition
`(group_mul:(A)group->A->A->A) = \g.
 SND(SND(SND(group_operations g)))`;;
```

其中,函数 "group_operations" 表示群上附加的某种二元运算,函数 "group_carrier" 表示群的全体元素所生成的集合,函数 "group_id" 表示群的幺元,函数 "group_inv" 表示群的逆元, 函数 "group_mul" 表示群上的二元乘法运算。

以上 SBT 定义在 HOL Light 中构建了一个新的数据类型 "(A)group",该类型可以描述由元素 *A* 构成的某个群。

SO(3) 是一种以三维正交矩阵作为群元素而构成的群,将数据类型 "(A)group" 中的元素 *A* 特殊化为三维正交矩阵,即可形式化定义 SO(3),如定义 6.4所示。

定义 6.4 *SO(3) 的形式化定义*

```
let rotation_group = new_definition
  `rotation_group  (UNIV:real^3^3->bool) =
  group ({A:real^3^3 | orthogonal_matrix A /\ det(A) = &1},
  mat 1, matrix_inv, matrix_mul)`;;
```

　　利用第 5 章矩阵涉及的矩阵算术的自动证明策略，可以验证 SO(3) 群的基本属性如属性 6.1~属性 6.4 所示。

　　属性 6.1　封闭性

```
⊢ group_carrier(rotation_group A) =
{A:real^3^3 | orthogonal_matrix A /\ det(A) = &1}; ;
```

　　属性 6.2　幺元

```
⊢ group_id(rotation_group A) = mat 1;;
```

　　属性 6.3　逆元 (任何正交矩阵都可逆)

```
⊢group_inv(rotation_group A) = matrix_inv;;
```

　　属性 6.4　结合律 (矩阵乘法本身具有结合性)

```
⊢ group_mul(rotation_group A) =matrix_mul);;
```

6.2.2.2　特殊欧氏群及其形式化验证

　　文献 [11] 给出了特殊欧氏群的定义。如图 6.5 所示，坐标系建立方式与旋转运动类似，附着在空间机构上的动坐标系的运动一般既包含原点位置的平移，也包含坐标系姿态的偏转。又因为动坐标系与机构本身的运动是同步的，机器人机构上所有点的运动轨迹都可以通过坐标系的运动来确定。不考虑平移，设机构的旋转矩阵为 R_{ab}，则机构上的任意一个点 q 经过运动后，具有如下的坐标变换关系

$$q_b = R_{ab}q_a + p_{ab} \tag{6.19}$$

其中，q_a、q_b 分别为运动前后 q 点在空间定坐标系中的坐标，p_{ab} 为动坐标系原点的平移量。

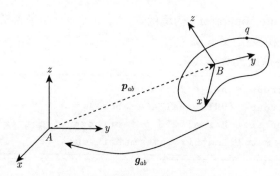

图 6.5 空间机构的一般运动模型

为了统一描述平移和旋转，构造如下的齐次矩阵

$$\bar{g}_{ab} = \begin{bmatrix} \boldsymbol{R}_{ab} & \boldsymbol{p}_{ab} \\ 0 & 1 \end{bmatrix} \tag{6.20}$$

对式 (6.19) 的点和向量做齐次化处理，式 (6.19) 能被重写为

$$\bar{q}_b = \begin{bmatrix} \boldsymbol{R}_{ab} & \boldsymbol{p}_{ab} \\ 0 & 1 \end{bmatrix} \begin{bmatrix} \boldsymbol{q}_a \\ 1 \end{bmatrix} = \bar{g}_{ab}\bar{q}_a \tag{6.21}$$

事实上，式 (6.20) 中 $\bar{g}_{ab}$ 的全体也构成群，该群被称为特殊欧氏群 (Special Euclidian Group) SE(3)。

特殊欧氏群定义为

$$\mathrm{SE}(3) = \{(\boldsymbol{p}, \boldsymbol{R}) : \boldsymbol{p} \in \mathbb{R}^3, \boldsymbol{R} \in \mathrm{SO}(3)\} = \mathbb{R}^3 \times \mathrm{SO}(3) \tag{6.22}$$

其中，SE(3) 群的特征可以通过齐次矩阵来验证。

与旋转群类似，如图 6.3 所示，空间机构的某种运动的动态过程同样可以描述为特殊欧氏群流形上的一条路径。

SE(3) 群的形式化证明与 SO(3) 类似，为了实现 SE(3) 群的形式化，在群的基本类型 "(A)group" 的基础上元素 $\boldsymbol{A}$ 特殊化为齐次矩阵。

首先，构造三维矩阵的齐次化操作函数如定义 6.5所示。

定义 6.5 三维矩阵的齐次化操作函数形式化

```
let hm_operator = new_definition
 `hm_operator (R:real^3^3) (p:real^3) =
 vector [vector [R$1$1;R$1$2;R$1$3;p$1];
        vector [R$2$1;R$2$2;R$2$3;p$2];
        vector [R$3$1;R$3$2;R$3$3;p$3];
        vector [ &0;  &0;  &0;  &1];]`;;
```

　　然后，利用 "hm_operator" 构造函数，再结合前一小节群的形式化定义，特殊欧氏群形式化描述为定义 6.6。

定义 6.6　*特殊欧氏群形式化*

```
let euclidian_group = new_definition
 ` euclidian_group  (UNIV:real^4^4->bool) =
 group ({hm_operator R:real^3^3 p | orthogonal_matrix A /\
 det(A) = &1}, mat 1, matrix_inv, matrix_mul)`;;
```

6.2.3　机构运动学中常用李群李代数及其指数映射的形式化验证

　　如图 6.3 所示，从拓扑空间的视角，李群和李代数之间的关系是光滑流形与流形上的切空间的关系，而从代数意义上，李群与李代数具有指数映射的关系。具体到机器人机构中，这种指数映射有着明确的物理意义。文献 [11] 以一特殊的单关节机器人为例明确阐述这种物理意义。

　　如图 6.6 所示，一单关节机器人以角速度 $\boldsymbol{\omega}$、径向速度 $\boldsymbol{v}$ 沿着某一固定轴做螺旋运动，在这里不妨设 $\|\boldsymbol{\omega}\| = 1$。根据旋转关节角速度与线速度的关系，关节连杆末端的一点 p 运动轨迹 $\boldsymbol{p}(t)$ 满足如下微分方程

$$\dot{\boldsymbol{p}}(t) = \boldsymbol{\omega} \times (\boldsymbol{p}(t) - \boldsymbol{q}) \tag{6.23}$$

同时，引入如下的齐次矩阵

$$\hat{\boldsymbol{\xi}} = \begin{bmatrix} \hat{\boldsymbol{\omega}} & \boldsymbol{v} \\ 0 & 0 \end{bmatrix} \tag{6.24}$$

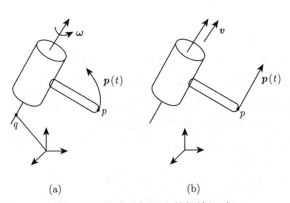

(a)　　　　　　　　　　　　(b)

图 6.6　单关节机器人的螺旋运动

其中，通过任选的三维向量 $\boldsymbol{y}$，$\hat{\boldsymbol{\omega}}$ 由

$$\boldsymbol{\omega} \times \boldsymbol{y} = \hat{\boldsymbol{\omega}} \boldsymbol{y} \tag{6.25}$$

生成，$\hat{\boldsymbol{\omega}}$ 为一反对称矩阵。

应用式 (6.24) 的齐次矩阵，式 (6.25) 可以化简为

$$\begin{bmatrix} \dot{\boldsymbol{p}} \\ 0 \end{bmatrix} = \begin{bmatrix} \hat{\boldsymbol{\omega}} & -\boldsymbol{\omega} \times \boldsymbol{q} \\ 0 & 0 \end{bmatrix} \begin{bmatrix} \boldsymbol{p} \\ 1 \end{bmatrix} = \hat{\boldsymbol{\xi}} \begin{bmatrix} \boldsymbol{p} \\ 1 \end{bmatrix} \Rightarrow \dot{\bar{\boldsymbol{p}}} = \hat{\boldsymbol{\xi}} \bar{\boldsymbol{p}} \tag{6.26}$$

式 (6.26) 所示的微分方程的解为

$$\bar{\boldsymbol{p}}(t) = \mathrm{e}^{\hat{\boldsymbol{\xi}} t} \bar{\boldsymbol{p}}(0) \tag{6.27}$$

其中，$\bar{\boldsymbol{p}}(0)$ 为点的初始状态经过齐次化之后的结果。

可以证明，对于任意的 t，$\mathrm{e}^{\hat{\boldsymbol{\xi}} t}$ 为 SE(3) 中的元素。特别地，当该单关节只有旋转运动时，微分方程的解为

$$\boldsymbol{p}(t) = \mathrm{e}^{\hat{\boldsymbol{\omega}} t} \boldsymbol{p}(0) \tag{6.28}$$

同样也可以证明，对于任意的 t，式 (6.28) 中的 $\mathrm{e}^{\hat{\boldsymbol{\omega}} t}$ 为 SO(3) 中的元素。显然，对于此单关节机器人而言，在确定初始条件后，关节上任意一点的轨迹 $\boldsymbol{p}(t)$ 都可以由 SE(3) 所确定的光滑流形上的某一条路径 $\mathrm{e}^{\hat{\boldsymbol{\xi}} t}$ 来表示，其中，$\hat{\boldsymbol{\xi}} t$ 为 t 时的李代数。由式 (6.24) 可以看出，在螺旋运动中，李代数是螺旋运动的角速度与径向速度的组合。

根据 3.3.2 节中有关矩阵指数的形式化，以上结论可以被形式化证明。

首先，需要形式化证明式 (6.29) 所示的引理，不妨设 $\|\boldsymbol{\omega}\| = 1$。

$$\begin{cases} \mathrm{e}^{\hat{\boldsymbol{\omega}} t} = I + \hat{\boldsymbol{\omega}} \sin t + \hat{\boldsymbol{\omega}}^2 (1 - \cos t) \\[2mm] \mathrm{e}^{\hat{\boldsymbol{\xi}} t} = \begin{cases} \begin{bmatrix} I & \boldsymbol{v} t \\ 0 & 1 \end{bmatrix}, & \boldsymbol{\omega} = 0 \\[4mm] \begin{bmatrix} \mathrm{e}^{\hat{\boldsymbol{\omega}} t} & (I - \mathrm{e}^{\hat{\boldsymbol{\omega}} t})(\boldsymbol{\omega} \times \boldsymbol{v}) + \boldsymbol{\omega} \boldsymbol{\omega}^{\mathrm{T}} \boldsymbol{v} \\ 0 & 1 \end{bmatrix}, & \boldsymbol{\omega} \neq 0 \end{cases} \end{cases} \tag{6.29}$$

引理 6.2

```
⊢ !w:real^3 t. (norm (w) = &1)
  ==> (matrix_exp (t %%(vec3_2_ssm w)) =
  mat 1 + sin t %% (vec3_2_ssm w)
  + (1 - cos t)
```

引理 6.3

```
⊢ !w:real^3 t v:real^3. (norm (w) = &1)
  ==> (matrix_exp (t%%(hm_operator vec3_2_ssm(w) v)) =
  if (w = mat 0) then hm_operator mat 1 t%%v
  else  hm_operator (matrix_exp(t %%(vec3_2_ssm w))
  (mat 1 - matrix_exp(t %%(vec3_2_ssm w))) **
  (w cross v) + t %% (v_2_m w ** v)));;
```

根据引理 6.2 和引理 6.3，可以形式化证明结论 6.1 和结论 6.2。

结论 6.1 对于任意 t，$e^{\hat{\omega}t}$ 为 SO(3) 中的元素

```
⊢ t w. (norm (w) = &1)
  ==> matrix_exp(t %%(vec3_2_ssm w)) IN group_carrier
  (rotation_group A);;
```

结论 6.2 对于任意的 t，$e^{\hat{\xi}t}$ 为 SE(3) 中的元素

```
⊢ t w. (norm (w) = &1)
  ==> matrix_exp (t%%(hm_operator vec3_2_ssm(w) v))
  IN group_carrier (euclidian_group A);;
```

值得注意的是，本小节关于李群李代数的指数映射形式化分析虽然只局限于某一特殊的做螺旋运动的单关节机器人，但根据 Chasles 定理，任何刚体运动都可以通过某种螺旋运动来实现，对于某种做复杂机械运动的机器人机构，只需要拆解出该机构的所有等价螺旋运动，即可利用李群理论对该空间机构进行数学建模。因此，本小节关于机器人机构的李群李代数模型的形式化分析实际上具有更广泛的意义，它可以推广到所有刚性机构。

6.3 本 章 小 结

本章运用矩阵分析理论的形式化框架，对用矩阵理论进行数学建模的两个案例进行了分析。

在一种面向 Massive MIMO 的矩阵求逆算法的案例中，首先形式化了 Massive MIMO 系统的模型，在 Massive MIMO 系统的模型的基础上形式化了 Marzetta 等提出的 Neumann 级数的近似求逆算法的数学模型。并在该数学模型的基础上形式化分析了该求逆算法在确保 Neumann 级数收敛时，相关参数的取值范围。事实上，自 Marzetta 等提出原始算法以来，已有多个学者针对不同的性能要求对其原

始算法进行了改进，本章对原始算法的一些验证方法能在这些新算法的验证中得到
复用。

    在机器人机构运动学的李群李代数模型的形式化验证案例中，运用矩阵的形
式化框架形式化了矩阵群的基本结构，并利用该结构，形式化了机构运动学中常
用 SO(3) 群与 SE(3) 群。并在做螺旋运动的单关节机器人的实际案例上，李群李
代数的指数映射得到了形式化，并形式化分析了在做螺旋运动的单关节机器人机
构的运动参数与李代数之间的关系、关节上的点的运动轨迹与李群流形上的路径
的关系。根据 Chasles 定理，任何刚体运动都可以通过某种螺旋运动来实现，本
章关于机器人机构运动的李群与李代数表示的形式化内容能够被应用到任何复杂
空间机构中。

参 考 文 献

[1] Thomas L M. Noncooperative cellular wireless with unlimited numbers of base station antennas. IEEE Transactions on Wireless Communications, 2010,9(11): 3590-3600.

[2] 冯双双. 基于 Massive MIMO 的矩阵求逆算法研究. 西安: 西安电子科技大学, 2016.

[3] Prabhu H, Joachim R, Ove E, et al. Approximative matrix inverse computations for very-large MIMO and applications to linear pre-coding systems//2013 IEEE Wireless Communications and Networking Conference (WCNC), Shanghai, 2013.

[4] Fredrik R, Daniel P, Buon K L, et al. Scaling up MIMO: opportunities and challenges with very large arrays. IEEE Signal Processing Magazine, 2013,30(1): 40-60.

[5] Zhu D, Li B, Liang P. On the matrix inversion approximation based on neumann series in massive MIMO systems// IEEE International Conference on Communications, London, 2015.

[6] Gao X, Edfors O, Rusek F, et al. Linear pre-coding performance in measured very-large MIMO channels//2011 IEEE Vehicular Technology Conference (VTC Fall), San Francisco, 2011.

[7] Wu M, Yin B, Wang G, et al. Large-scale MIMO detection for 3GPP LTE: algorithms and FPGA implementations. IEEE Journal of Selected Topics in Signal Processing, 2014, 8(5):916-929.

[8] Krishnamoorthy A, Menon D. Matrix inversion using Cholesky decomposition// 2013 Signal Processing: Algorithms, Architectures, Arrangements, and Applications (SPA), Poznan, 2013.

[9] Chang R, Lin C, Lin K, et al. Iterative QR decomposition architecture using the modified Gram-Schmidt algorithm for MIMO systems. IEEE Transactions on Circuits and Systems I: Regular Papers, 2010,57(5): 1095-1102.

[10] Boldo S, Lelay C, Melquiond G. Formalization of real analysis: a survey of proof assistants and libraries. Mathematical Structures in Computer Science, 2016,26(2): 1196-1233.

[11] Murray R M, Sastry S S, Zexing L. A Mathematical Introduction to Robotic Manipulation. Boca Raton: Chemical Rubber Company Press, 2017.